X-선 결정구조해석

김문집 옮김

북스힐

한국어판의 출판에 부쳐서

이번에, 순천향 대학교의 김문집 교수의 노력으로, 나의 저서 ≪X선 결정구조해석≫이 한국어판으로 출판되게 되어, 매우 기쁘게 생각한다. NaCl의 결정구조가 처음으로 해석되고 나서 머지않아 100년이 되려 하고 있다. 지금까지, 다양한 물질이 X선을 사용해 구조 해석되어 왔지만, 작년도의 노벨 화학상에 빛나는 리보솜 단백질처럼 분자량이 120만을 넘는 것까지 구조 해석할 수 있게 되었다. 아울러, 데이터 측정의 시간이 매우 단축되고 데이터의 정밀도가 향상되게 됨으로써, 분자의 전자 상태의 정밀한 변화나 화학변화의 과정에서 각 원자의 움직임까지 X선해석으로 볼 수 있게 되었다. 방사광의 등장에 의해서, 거대한 분자의 결정구조해석이나 정밀한 구조 해석이 더욱 더 활발해지고 있지만, 최근에는 단결정의 구조해석뿐만 아니라, 분말 결정의 구조해석이나 3차원의 주기성을 가지지 않는 막이나 섬유의 구조 해석, 주기성을 가지지 않는 거대 물질의 소각 산란법에 의한 구조해석 등 해석하는 대상도 매우 확장되어지고 있다.

앞으로도 X선 결정구조해석은 더욱 진보하여, 물질을 연구할 때의 가장 기본적인 해석 수단이 될 것이지만, 그러기 위해서는 해석의 방법론을 알아 두는 것은 매우 중요하다. 그런데 결정구조해석의 기초가 되는 공간군이나 회절법의 이론은 이해하기 어렵다고 느끼는 사람들이 많아, 더 간단하게 이해할 수 없는지에 대해서 많은 상담을 받아 왔다. 그러나 공간군이나 회절 이론은 수학적으로 확립된 이론이므로, 한 번 원리만 이해할 수 있으면 매우 알기 쉽다. 해석하는 데 힘이 들거나 또는 새로운 해석법으로 도전하려는 경우, 회절의 기본 이론으로 되돌아가서 생각하는 것이 필요하게 된다. 그 때문에 본서에서는, 필요 이상으로 어려운 수학 이론은 사용하지 않고, 결정의 대칭과 회절법의 원리를 근본부터 이해하는 것을 목표로 하고 있다. 또 그 이해를 돕기 위해서 매 장 끝에 연습 문제를 마련하였다. 지금부터 X선 결정구조해석을 시작하는 사람들에게 큰 도움이 될 것을 희망하고 있다.

2010년 7월

오하시 유지(大橋 裕二)

저자약력

1941년생
동경 대학 이학부 화학과 졸업
이학 박사(동경 대학)
오차노미즈 여자대학 이학부 교수
동경 공업대학 이학부 교수
2005년 정년 퇴직, 동경 공업대학 명예 교수
현재 일본 이바라끼 양자빔 연구센터 코디네이터

일본학술회의 결정학 연구 연락위원회	위원장	1994~1997
일본결정학회	회장	1998~2000
일본화학회	부회장	1998~2000
아시아 결정학회(Asian Crystallographic Association, AsCA)	회장	1999~2002
국제결정학연합(International Union of Crystallographic, IUCr)	회장	2005~2008

서 론

저자가 X선 결정해석을 시작한 것은 1964년으로, 지금부터 40년도 전의 일이다. 1913년 브라그 부자에 의해 NaCl의 결정구조가 발표되고부터 50년이 경과하고 있었지만, 실험수단은 그다지 진보하지 않았었다. X선발생장치 및 X선튜브가 개량되어 간단하게 X선을 만들어 낼 수 있게 되고, 회절 데이터를 기록하는 사진필름의 감도가 좋아졌지만, 아주 빠르게 데이터를 수집할 수 있게 되지는 않았었다. 1964년 당시에도 데이터 측정에 반년 가까이 시간이 걸렸었다. 회절 데이터의 측정이 완료되더라도, 더 많은 구조해석의 시간이 기다리고 있었다. 계산의 수단도, 주판과 손돌림 계산기가 주류이고, 그때 겨우 기억 메모리가 8K바이트인 전자계산기가 막 등장했었다. 현재의 탁상용 계산기 같은 것이다. 1개의 결정해석에 여러 해의 시간이 소요되는 것은 당연하였다. X선결정해석은 얻을 수 있는 정보는 많았지만, 그를 위한 노력은 너무나 컸다는 것이 솔직한 심정이었다. 저자와 동세대의 사람들은 그렇게 생각하고 있었을 것이다.

그 당시 저자도 전혀 느끼지 못했지만, 실은 이 1960년대라는 시대는, X선 결정해석을 완전히 새로운 시대로 옮기는 개막의 시대였다. 동형치환법이라는 해석법이 등장하여, 미오글로빈 및 헤모글로빈 등의 단백질 결정의 구조가 해석되어, 생명현상을 분자구조로부터 해명하는 길이 열렸던 것이다. 직접법이라 말하는 해석법이 실용화되어, 구조해석에서 난관으로 되어 있던 위상문제가 거의 해결되었었다. 더하여 유리하게 된 것이, 컴퓨터가 발전하여, 막대한 계산이 대형계산기로부터 미니 컴퓨터와 PC에서도 가능하게 되어, 장시간의 계산이라는 중압감으로부터도 해방되게 되었던 것이다.

해석법의 진보에 보조를 맞추어, X선발생장치도 튜브형에서 회전대음극형 발생장치로 바뀌고, 아울러 방사광이 등장하여, 2~3계단 이상 강한 X선을 얻을 수 있게 되었다. 회절장치 분야도, 1960년대에 4축자동회절장치가 등장하여, 1주간에 데이터 측정을 할 수 있게 되었으나, 최근에는 이메이징 프레이트 및 CCD 등의 2차원 검출기를 사용하여, 2~3시간에 데이터 측정이 가능하게 되었다. 아주 최근, 겨우 2초에 데이터 측정이 가능한 새로운 검출기도 개발되었다. 분석 수단으로서는, 그의 정보량으로 보나 측정시간으로 보나 최강의 수단이 되었다고 말할 수 있을 것이다. 이러한 격동의 40년 동안에 연구를 할 수 있었다는 것은 저자에게 엄청난 행운이었다.

이처럼 해석이 빨라지면, 단순히 구조를 아는 것 뿐만이 아니고, 외부로부터 빛이나 열을 가함으로서, 결정의 내부에서 분자가 변화하는 과정도 추적할 수 있게 되는 것까지 밝힐 수 있게 된다. 앞으로, X선결정해석은, "분자의 구조를 보는 수단"에서 "분자가 변화하는 과정을 보는 수단"으로 진화할 것이라고 예상된다.

그러나, X선 결정해석에는 마지막 문제가 남겨져 있다. 결정으로 만들지 않으면 회절현상은 일어나지 않는다는 것이다. 어떻게 하면 결정을 만들 수 있는지의 문제는 아직도 해결되어 있지 않다. 그러나 결정화가 아주 곤란한 것으로 알고 있는 단백질 및 핵산 등의 생체분자도, 결정화에 성공하는 확률이 상당히 높아지고 있다. 용매분자와 대이온(counter ion)을 바꾸거나, 경우에 따라서 복합체를 만들어서 결정화에 성공하는 경우도 있다. 치환기를 바꿈으로서 더 쉽게 결정화되기도 한다.

실제, X선 결정해석을 꼭 해 보려고 생각하는 사람은 매년 증가하고 있다. 그러나, 회절현상의 이론 및 결정의 대칭, 위상문제 등이 너무 복잡하여 머리가 아프다고 말하는 사람도 많다. 그렇지만 저자는, X선결정해석의 근간은 수학적으로 매우 엄밀한 것이기 때문에, 일단 이해되면 사실은 매우 알기 쉬운 이론이라고 생각한다. 이러한 사실을 한번 실증해 보려고 이 책을 쓰게 되었다. 20년 이상에 걸쳐서, 저자가 근무한 오차노미즈 여자대학(お茶の水女子大学) 과 동경 공업대학(東京工業大学) 외에, 전국의 여러 대학에서 강의한 경험을 바탕으로 이해하기 쉽게 쓰려고 노력하였다. 이제부터 결정해석을 시작하려는 사람을 대상으로 하고 있기 때문에, 반

드시 모든 수식을 이해하지 않으면 결정해석을 할 수 없다는 의미는 아니다. 그러나 내용을 줄이게 되면, 독자는 결국 다른 책에 의존하지 않으면 안 되기 때문에, X선 해석을 스스로 해서 논문 투고할 때까지 필요한 최소한의 지식은 포함시켜 놓았다.

X선회절실험으로 어떻게 결정구조가 얻어질 수 있는지에 대한 의문을 우선하고자 하는 사람은 제2장까지 읽으면 된다. 결정구조해석을 하면서 일괄해서 필요한 지식을 얻고 싶은 사람은 제4장까지 읽으면 된다.

자신이 매뉴얼을 읽으면서 결정구조해석을 하고,그 결과를 학술지에 투고하고자 하는 사람은 제7장까지 모두 읽으면 된다.

이 책을 쓰는데 있어서 협력해 주신 동경공업대학의 植草秀裕 조교수, 関根 조수를 시작으로 연구실의 모든 분께 깊이 감사한다. 또 尾関智二 조교수에게는 제7장의 내용에 대해서 많은 도움을 받았다.

끝으로, 이 책의 내용을 검토하여 주신 편집위원인 一國雅巳 선생님, 渡辺啓 선생님께는 깊히 감사드린다. 문장에 맞춰서 그림을 그려 주신 大橋淳史 박사님과, 출판에 있어서는 裳華房 출판사의 小島敏照 씨에게 많은 신세를 졌다. 깊히 감사드린다.

2005년 8월

오하시 유지(大橋 裕二)

차 례

1장 구조를 안다

물질의 물리적 성질 및 반응성을 해명하기 위해서는, 그 물질의 원자 · 분자 수준에서의 구조를 알아야만 한다는 것은, 20세기 과학이 분명하게 하여 왔다. 20세기 초반에 과학의 세계는 커다란 발견들이 계속되었으나, 그중에서도 이어지는 발견에 큰 영향을 준 것은, 양자역학의 탄생과 X선의 발견이다. 우리들이 보고 있는 물질은 10^{23}개 정도라는 막대한 수의 원자 · 분자로 구성되어 있다. 그 때문에 눈에 보이는 물질의 세계를 거시적 세계라고 말하고, 원자 · 분자 등의 양자의 세계를 미시적 세계라고 불려지고 있다. 양자역학은, 미시적인 세계는 거시적인 세계를 지배하는 뉴턴 역학과는 다른 역학이 지배하는 세계임을 밝혀 주었다. 이것은, 원자 · 분자가 갖는 에너지는 연속적이지 않고, 불연속인 스펙트럼으로서 관측된다는 것으로부터도 밝혀지게 되었다. 이러한 불연속적인 스펙트럼으로부터 간단한 분자의 구조가 추정된다는 것이 알려져서, 분광학에 의한 구조결정법이 제안되었다. 최초에는 간단한 분자회전운동 및 진동운동의 스펙트럼 해석에 의하여 구조를 결정하였으나, 그 후 각종 치환기에 의한 특유한 적외진동 스펙트럼 및 핵자기공명 스펙트럼으로부터 커다란 분자의 구조결정도 가능하게 되어, 분광법에 의한 구조결정법은 20세기 후반부터 널리 이용되어지게 되었다.

한편, 분자를 구성하는 원자의 3차원 구조를 직접 관찰하는 회절법은 1912년 라우에(M. von Laue)의 X선회절실험에 의해 시작되었으나, 1.1절에서 설명하는 여러 가지 제약이 있어, 최근 30년간 겨우 발전한 방법이다. 그러나 현재에는, 초전도를 보이는 물질의 각 원자에 분포하는 전자밀도의 해석으로부터 인플렌자 바이러스를 구성하는 원자의 3차원적 배열의 해석에 이르기까지, 여러 가지 과학의 분야에서 이용되고 있다. 21세기는, 원자・분자의 구조를 기반으로 하여, 각각의 원자에 작용하는 약한 상호작용을 해명하는 새로운 과학이 필요해지고 있다.

1.1 X선의 발견과 결정구조해석에의 적용

X선은 1895년 뢴트겐(W. Röntgen)에 의해 발견되었다(다음 쪽 칼럼 참조). 그는, 진공 중에서 전극판에 높은 전압을 걸면 음극으로부터 전자가 튀어나와 양극판에 충돌하지만, 그때 양극판으로부터 무언가 눈에 보이지 않는 것이 발생하고 있다는 것을 알아내었다. 발생하고 있는 것은 직진하는 성질을 가지며, 나무판을 뚫고 나가 사진 필름을 감광시키는 성질을 나타내고 있다는 것으로부터, 전자파의 일종이라는 것을 예상하였다. 그러나 파동의 성질을 갖는다면, 미세한 간격을 갖는 **회절격자**(diffraction grating)에 닿으면 **간섭무늬**(interference fringe)를 나타낼 것이 분명하지만, 회절격자의 그림자가 필름 위에 찍히는 것 만으로 간섭무늬가 관측되지 않았다. 그래서 성질을 알지 못하는 전자파라는 의미로 **X선**(X-ray)이라고 이름을 붙였다. 최초에 주목되어진 X선의 성질은, 물질을 투과하는 능력이다. 수술을 하지 않고 신체의 내부가 보여진다는 것으로부터, 의학에 특별히 큰 영향을 주었던 것이다. 뢴트겐 촬영은 현재에도 똑같이 사용되고 있다.

X선의 등장 이래, 의학에서는 화려한 성과를 올려 왔으나, 그의 본질은 변함없이 알지 못하는 상태였다. X선의 본질을 해명한 것은, 뢴트겐의 발견으로부터 17년 후인 1912년, 라우에의 회절 실험이다(5쪽 칼럼 참조). X선은 매우 파장이 짧은 전자파는 아닐까 하고 예상하고 있었다. 그는, 회절격자에서 간섭무늬를 나타내지 않은 것은, 회절격자 틈의 간격이 X선의 파장에 비하여 너무 길기 때문일 것이라고 추정하였다. 그래서, X선의 파장 정도의 간격을 갖는 회절격자를 만들려고 했으나, 인공적으로는 불가능하였다. 그래서 그는 **결정**(crystal)을 사용하면 되지 않을까 하고

생각하게 되었다. 결정이 매우 간격이 짧은 **주기구조**(periodic structure)를 갖고 있다는 것은, 18세기 때부터 알려져 온 결정학의 추측이었다. 그는, 결정의 주기구조의 간격이 X선의 파장 정도라면, 결정 중에 주기적으로 늘어져 있는 분자가 미세한 틈을 대신하여, 간섭무늬 즉, **회절현상**(diffraction)을 나타낼 것이 분명하다고 추론했다. 그래서, 황산구리의 5수화물 결정에 X선을 쪼였을 때, 예상한 대로 **회절반점**(diffraction spot)이 관측되었다. 이 결과, 결정은 주기구조를 갖는 고체이며, **X선의 파장**은 그의 **주기단위**(periodic unit)와 같은 정도의 파장을 갖는 전자파(electromagnetic wave)임이 한꺼번에 실증되었다.

라우에의 발견을 알고, 회절현상을 가장 빨리 결정구조해석에 응용한 것은, 1913년 브라그 부자(H. Bragg & L. Bragg)이다(7쪽 칼럼 참조). 그들은 NaCl 등의 할로겐화 알카리(alkali halide)의 결정으로부터 X선회절상을 측정하여, 소위 **NaCl형구조**를 밝혀냄과 동시에, 결정에서는 NaCl이라는 분자는 존재하지 않음을 증명하였다. 인류가 원자의 실재, 그의 크기와 원자의 배열을 처음으로 눈으로 본 실험이다. 이 이후, 서서히 복잡한 구조가 해석 가능하게 되고, 지금은 X선해석은 과학의 기본적인 분석수단이 되어져 있다.

X선을 발견한 뢴트겐

뢴트겐은 1845년 독일에서 태어났다. 고등학교를 중퇴하여 독일의 대학에 진학하는 길은 끊겼으나, 스위스에서 연방공과대학(ETH)이 창립되어 경력에 관계없이 우수한 학생을 모집했으므로 ETH에 입학할 수 있었다. 졸업 후, 그의 지도 교수가 독일의 대학에 초빙되어 귀국하게 됨으로써, 그도 함께 귀국하여 강사로서 독일의 대학에 직장을 얻을 수 있었다. 그러나 그의 경력 때문인지 50세를 넘길 때까지 작은 대학을 전전하게 되었다.

1895년, 50세인 뢴트겐이 뷔르츠부르크 대학의 물리학 교수일 때에 전기를 맞이하였다. 그때 그는 그림과 같은 방전관으로 음극선을 연구하고 있었다. 이 방전관은 그 당시로부터 십수 년 전에 크룩스(Sir W. Crookes)에 의해 만들어진 것으로, 0.04~0.1 Pa 정도로 관내를 감압하고, 그의 양극과 음극에 고전압을 걸면, 음극으로부터 무언가가 흘러나가 유리벽에 충돌하여, 유리벽으로부터 녹색인 형광이 발생하는 것이다. 이 음극으로부터 흐르는 것은 음극선이라고 명명되어져 있었으나, 이것의 정체가 무엇인지가 당시 물리학자의 흥밋거리였다.

이 실험 도중에 뢴트겐은 기묘한 현상에 착안하였다. 실험대로부터 상당히 떨어져 있는 곳에 있던 시아노백금산벨리윰을 도포한 판이 형광을 발생하고 있었던 것이다. 음극선은 유리벽에서 흡수되어 버리기 때문에, 음극선과는 다른 것이라는 사실은 확실하였다(이 형광판의 존재야 말로 X선 발견의 열쇄였으나, 왜 이 형광판이 그의 실험실에 있었는지는 본인이 한마디도 안 했기 때문에 알지 못한다). 이 현상을 규명하기 위하여, 반년간 연구실에 혼자서 틀어박혀 실험을 계속한 결과, 음극선이 충돌하는 장소로부터 발생하는 무언지 모르는 것이 직진하여 형광판을 발광시킨다는 것, 통로에 나무를 놓아도 뚫고 나가나 금속판을 놓으면 그의 그림자가 보인다는 것, 사진건판도 감광시킨다는 것, 그리고 사람의 손을 놓으면 뼈가 보인다는 것 등을 발견하여, 이 무엇인지 모르는 것에 X선이라고 이름을 붙였다. 1895년 12월, X선의 발견을 보고한 최초의 논문이 발표되었다. 10년 이상에 걸쳐서 방전관으로 연구를 해왔던 수많은 연구자들도 당연 X선을 경험하였을 것이다. 어쩌면 형광판이 빛나는 것과, 사진 건판이 감광하였던 것도 경험하였을지도 모른다. 그러나 누구도 X선에 "착안하지 않았었다."는 사실이다.

이후 1896년에 본격적인 논문으로써 제2보, 1897년에 보충실험을 추가한 논문 제3보를 보고했다. 그 후 10년간 X선에 관한 논문은 세계에서 1000편 이상 발표되었다고 알려져 있으나, 뢴트겐의 X선에 대한 논문은 생애 이 3편뿐이다. 그러나 X선의 발견이 가져온 결과는 당시의 사람들에게 충격을 주었다. 특별히 X선의 투과 사진은 의학분야에 커다란 변혁을 가져왔다. 그의 위대한 발견을 찬미하여 "X선"을 "뢴트겐선"이라고 부르자는 제안이 있어서, 실제로 의학 분야에서는 "뢴트겐선"이라고 불리고 있으나, 뢴트겐 자신은 X선의 정체가 밝혀진 후에도, "X선"이라고 불려지기를 희망했기 때문

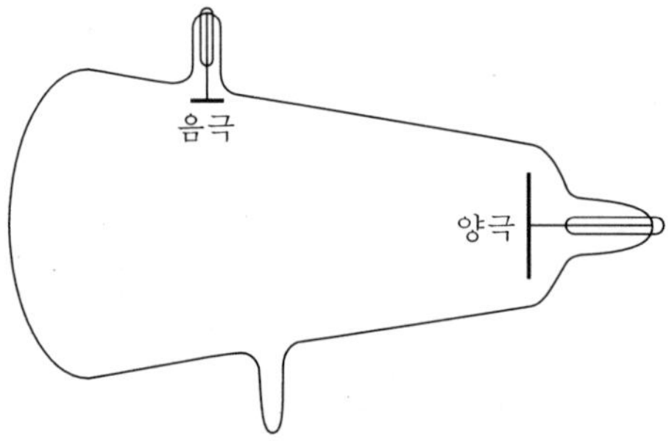

그림 크룩스 방전관. 방전관 내부를 감압하여, 양극(anode)와 음극(cathode) 사이에 고전압을 걸면, 음극으로부터 음극선이 흘러나온다. 이 음극선이 유리벽에 닿으면 형광을 낸다. 후에 톰슨에 의해 음극선은 전자의 흐름임이 증명되었다.

에, "X선"으로 부르는 것이 정착하여 현재도 사용되고 있다. 한편, 음극선의 정체는 톰슨(J.J. Thomson)에 의해, X선 발견 직후인 1897년, 전자의 흐름임이 밝혀졌다. 뢴트겐은 1900년, 명문 뮌헨 대학에 물리학 주임 교수로 초빙되었다. 1901년에는 X선의 발견으로 제1회 노벨 물리학상을 받았다. 말수가 적고 신경질적인 성격이었으나, 뮌헨대학의 자유로운 분위기에 큰 역할을 하였다는 것은 다음의 라우에 기사에서 확실하게 알 수 있다. 1923년에 78세로 사망하였다.

X선의 본질을 밝힌 라우에

라우에는 1879년 독일의 코블렌츠에서 태어났다. 유소년 시절부터 물리 현상에 흥미가 있었다고 한다. 베를린 대학에서 프랑크(M.K.E.L. Planck) 교수 밑에서, 빛의 간섭실험으로 학위를 얻고, 1907년에는 뮌헨 대학의 좀머필드(A.J.Sommerfeld) 교수(1906년에 이론물리 주임 교수로써 뮌헨 대학에 초빙되었다) 아래에서 강사가 되었다. 인근 연구실이 뢴트겐 교수의 연구실이었다.

1910년 말쯤에, 라우에는 연구실의 대학원생인 에발트(P.Ewald)의 학위논문과 관련하여 상담을 받았다. 에발트는 고체 내의 빛의 전파에 관한 이론을 연구하고 있었으나, 그의 이론에 의하면, 결정 내에 주기적으로 배열한 진동자가 빛과 상호작용하는 것으로 굴절률이 설명된다고 생각하고 있었다. 그런데, 그 결과를 황산칼슘(석고)의 굴절률과 비교해 보면 전혀 실험사실과 맞지 않는다는 것이 문제였다. 라우에는, 그 진동자가 왜 주기적으로 배열하여 있다고 가정할 수 있었는지, 또 그의 간격은 어떻게 추정할 수 있었는지에 대해서 듣고 싶었던 것 같다.

라우에는, 결정 내의 물체와 물체의 간격은 훨씬 짧기 때문에, 그의 간격과 같은 정도인 파장의 전자파라면 회절현상을 나타낼 것이라고 직관적으로 아이디어가 떠올랐던 것이다.

그래서, X선은 그러한 단파장의 전자파는 아닐까 하고 추론했다. 그 추론을 뢴트겐과 좀머필드 연구실의 젊은이들과 카페에서 논의한 결과, 실험을 해 보면 좋겠다는 결론을 얻었다. 재빨리, 좀머필드 연구실의 조수인 후리드리히(W.Friedrich)가 자신의 실험을 위하여 설치했던 X선장치를 제공하고, 막 학위논문을 마무리한 뢴트겐 연구실의 대학원생 크니핑(P.Knipping)이 그 장치로 실험해 보겠다고 말했다. 그때의 실험장치가 그림(a)이다. 납 상자 안에 3 mm의 핀홀과 결정과 필름을 배열하고, 그 상자 안에 X선을 넣어서 결정에 조사(照射)했다. 결정으로서는 실험실에 널려 있던 파란색의 황산구리 5수화물 결정을 사용하였다. 결과는 라우에가 예상했었던 대로, 그림(b)에 보인 것처럼, 필름상에는 중심에 보이는 결정의 그림자뿐만 아니라, 그의 주위로 몇 개의 회절반점이 나타나 있었다. X선은 전자파이고, 결정은 X선의 파장과 비슷한 크기의 주기구조를 갖고 있음을 한꺼번에 증명하는 실험이 되었다. 1912년, 이 결과가 후리드리히와 크니핑, 라우에의 공동저자 논문으로 발표되었다. X선의 발견으로부터 17년이 지난 후이다.

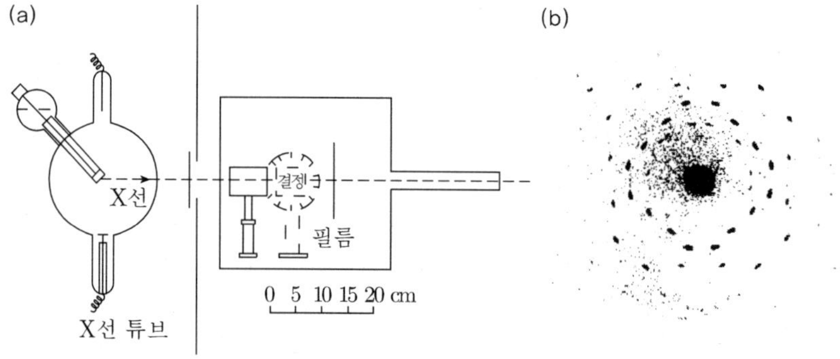

그림 라우에의 회절실험 장치그림. X선튜브로부터 방출된 X선은 처음에 원통 모양인 콜리메터를 지나서 결정에 도달하고 산란하여, 필름에 그림 (b) 같은 반점이 기록되어진다.

만약 라우에가 에발트와 후리드리히, 쿠니핑이라는 뮌헨 대학의 유능한 젊은 과학자에 둘러싸여있지 않았었다면, 이와 같은 대발견은 생겨나지 않았을 것이고, 이러한 공동연구를 생산해내는 자유로운 분위기가 뮌헨 대학에 있었다는 것이, 이 발견에 매우 큰 영향을 주었던 것이다. 에발트는 그 후, 회절이론에 역격자의 개념을 도입했다. 그것은 제2장에서 설명하는 것처럼, 에발트의 회절구라는 이름으로 알려져 있다.
왜 황산구리 5수화물 결정을 사용했는가에 대해서 말하면, 결정이라면 누구라도 생각이 떠오르는 파란 결정이었기 때문에, 물리학의 연구실에서도 손쉽게 입수할 수 있었기 때문일 것이다. 그러나 이의 결정구조는 복잡하기 때문에, 당시로서는 해석 불가능하였다. 실제로 구조해석된 것은, 그때부터 22년 후인 1934년의 일이다.
라우에게는 결정에 의한 X선 회절현상의 발견으로 1914년 노벨 물리학상이 주어졌다. 그의 업적은 그것뿐만 아니라, 제2차 세계대전 후에는 막스 프랑크 연구소를 설립하여, 황폐한 독일의 과학의 재건에 커다란 공헌을 했다는 것도 잘 알려져 있다. 그는 1960년, 그 발전을 끝까지 확인하고 81세에 사망하였다.

결정구조를 해석한 브라그 부자

아버지 헨리(William Henry Bragg)는 1862년 영국 북부에서 태어났다. 케임브리지 대학을 졸업한 후, 대학에 남아 연구를 계속하는 것이 희망이었으나, 약간 성적이 부족하여, 오스트레일리아의 애덜레이드 대학에 24세라는 젊은 나이에 교수로 부임하였다. 당시 애덜레이드 대학은, 그 당시 십여 년 전에 애덜레이드 근교에 금광이 발견되어 학생과 교수 전원이 금 채취에 여념이 없었기 때문에, 폐교된 것과 다름이 없었다. 그는, 황폐한 대학을 다시 세워 고을의 명사로서 활약하고 있었으나, 40세가 되었을 때 갑자기, 본격적인 물리학 연구를 해야 겠다는 생각을 하게 되었다. 그래서 최초의 물리학 논문을, 그 당시 영국에서 물리학의 리더이었던, 오스트레일리아 출신인 10살 연하인 러더포드(E.Rutherford)에게 보냈다. 러더포드는 브라그의 재능을 높이 평가했다. 그 후, 그의 소개로 영국의 리즈 대학 물리학 교수로서 본국으로 되돌아오게 되었다. 1910년의 일이다. 헨리는 실험을 아주 잘했고, 리즈 대학에서는 즉각 X선발생 장치를 제작하여 실험을 수행하였다.

아들인 로렌스(William Lowrence Bragg)는 1890년 애덜레이드에서 태어났다. 애덜레이드 대학에서 공부한 후, 아버지와 함께 영국으로 건너와, 케임브리지 대학에서 수학과 결정학을 공부하여 졸업하였다. 휴가에서 돌아왔을 때에 아버지로부터 라우에의 논문을 보게 되었다. 1912년, 로렌스가 22세일 때이다.

로렌스는 이 논문을 읽고, 결정구조가 결정될 수 있다는 대발견에 착안하게 되었다. 결정학에서는 17세기에 스테노(F.Steno)가 결정의 면각일정의 법칙을 찾아내어서, 18세기 말에는 아우이(R.Hauy)가, 이 법칙을 설명하는 데에 결정은 작은 물체의 주기적인 집합이 아니면 안 된다고 추론하여, 결정의 면지수는 유리수로 나타내어진다는 **유리지수의 법칙**(law of rational indices)을 발표했다. 그래서 19세기에 이르면, 1종류의 구슬에서 최밀충진구조를 만들면 면심입방구조가 육방최밀구조가 되고, 2종류의 구슬에서 최밀충진구조를 만들면 면심입방격자가 반주기 틀어진 것과 같아지는 구조, 즉 NaCl형의 구조가 된다고 예상하고 있었다. 이 당시의 잡지에 NaCl형의 구조도가 게재되어 있으나, 설마 이 구슬이 원자일 거라고는 누구도 예상하지 못하고 있었다. 이러한 결정학의 지식을 갖고 있던 로렌스는, NaCl 결정의 회절반점을 취할 수 있으면, 반점의 위치로부터 이 구조가 증명될 것이 틀림없다고 직관했다. 아버지 헨리는, 즉시 로렌스를 위하여 실험장치를 꾸몄다. 단결정 대신에 분말상으로, 회절점의 측정은 필름이 아니라, 전리함을 회전시켜서, 회절각과 그 강도를 측정했다. 현재의 분말회절장치와 원리적으로 동일한 것이다. 로렌스가 NaCl 결정의 회절을 측정했더니, 예상한 대로 회절반점이 관측되어, 그 회절각으로부터 Na와 Cl의 거리가 계산되었다. 인류가 처음으로 결정 안에 배열된 원자를 본 것이다.

라우에의 목표는 X선의 정체를 밝히고 싶었던 것이었기 때문에 결정이라면 무엇이든 괜찮다는 것이었으나, 결정학을 공부한 로렌스에게는, 결정이 어떤 구조인지가 알고 싶었던 것이다. X선이 발견되고 나서 그 정체가 알려지기까지 17년의 세월이 걸렸으나, 그것은 뢴트겐과 라우에가 간접적으로라도 공동연구를 하기 위한 시간이 필요했었기 때문이다. 그러나 X선의 정체가 밝혀지고 나서 결정의 구조가 밝혀지게 되기까지는, 겨우 1년밖에 경과하지 않는다. 이것은 실험물리학자 헨리와 결정학자 로렌스가 부자 간이었다는 행운 때문이었다. 이 공적으로 브라그 부자에게는 1915년 노벨 물리학상이 수여되었다. 헨리는 1942년 69세에 사망하였다.
노벨상을 수상했을 때, 로렌스는 아직 25세였다. 그 후 맨체스터 대학의 교수가 되어, 결정해석의 연구를 계속했으나, 주요한 결정의 구조연구에서는 아메리카의 폴링(L.C.Pauling)에게 앞을 추월당하는 일이 많았다. 많은 결정구조의 해석을 하는 데에, 폴링의 명저 ≪The Nature of Chemical Bond Based on Molecular and Crystal Structures≫는 너무나 유명하다(일본에서는 이 책의 전반 부분만 번역되어 ≪화학결합론≫이라고 되어 있기 때문에, 이론에 기반한 책으로 오해되고 있다). 폴리아미노산의 α-나선구조와 β-시트구조 등의 해명도 폴링이 한 것이다. 이 업적으로 폴링은 1954년 노벨 화학상을 받았다.
그 후 로렌스는 50세에 케임브리지 대학에 돌아와, 캐빈디쉬 연구소의 소장이 되었다. 이 연구소의 연구원에 페르츠(M.Perutz)가 있다. 그는 이미 20년 가까이 헤모글로빈의 결정구조해석에 열심히 해왔으나, 성과는 거두지 못했다. 다른 연구원으로부터 성과를 내지 못하는 페르츠를 쫓아내야 한다는 말을 들었지만, 로렌스는 수용하지 않았다. 이 페르츠의 연구실에는, 켄드류(J.C.Kendrew)가 미오글로빈의 해석을 하고 있었다. 또, 이론가로 타인의 연구에도 날카로운 비판을 전개하는 크리크(F.H.C.Crick)가 연구원으로 근무하고 있었다. 이에 더하여 아메리카로부터 와트슨(J.D.Watson)이 포스트닥터로서 왔다. 와트슨과 크리크가 공동연구하여, 1953년 유명한 DNA의 와트슨-크리크 모델을 제안한 것이다. 이 업적으로 두 사람에게는 1962년 노벨 생리의학상이 수여되었다. 아울러 캔드류가 미오글로빈의 해석에 성공하여, 처음으로 단백질의 구조해석에 성공했다. 그리고 페르츠가 30년 동안 고군분투한 끝에, 마침내 헤모글로빈의 구조해석에 성공했다. 1962년 캔드류와 페르츠에게 노벨 화학상이 수여되었다. DNA와 단백질이라는 생체 중의 기본적인 분자의 구조해석이, 로렌즈의 연구소로부터 발표된 것이다. NaCl의 결정구조해석으로부터 20세기의 원자·분자의 세계를 개척했다고 하면, DNA와 헤모글로빈은 20세기 후반 분자생물학으로부터 게놈 과학의 세계를 개척했다는 것으로서 높이 평가되어지는 것이다. 겨우 1인의 연구자가 그것들의 추진자 역할을 했다는 것은 놀라지 않을 수 없다. 이 성과를 끝까지 본 로렌스는 1972년에 82세로 사망하였다.

1.2 X선의 성질

앞에서 설명한 것처럼, X선은 음극과 양극 사이에 고전압을 걸어, 음극으로부터 튀어나온 전자가 격렬하게 양극에 충돌했을 때에 그의 운동에너지의 일부가 전자파로 바뀌어 방출되는 것이다. 따라서, 발생하는 X선의 최단파장 λ_c는 다음 식과 같이, 두 극 사이의 전압(V, 볼트(V))에 반비례한다.

$$\lambda_c\,(\text{Å}) = 1.24 \times \frac{10^4}{V} \tag{1.1}$$

이 최단파장보다 긴 파장의 X선이, 그림 1.1과 같은 파장분포를 보인다. 이 X선을 **연속X선**(continuous X-rays) 또는 **백색X선**(white X-rays)이라고 말한다.

그림 1.1에는, 이 연속X선 외에, 날카로운 피크를 갖는 파장분포가 좁고 강한 X선이 있다. 이 X선은, 커다란 운동에너지를 갖는 전자가 양극(+)판 원자의 내각의 전자를 두드려 나오게 한 후, 외각의 에너지가 높은 궤도로부터 내각의 빈 궤도로 떨어져 내려갈 때에 그의 에너지 차이를 X선의 형태로 방출한 것이다. 이것은 양극의 원자에 의해 정해지는 에너지 차이로서, 양극의 원자 특유의 X선파장이기 때문에, **특성X선**(characteristic X-rays)이라 부른다. 또는 **단색X선**(monochromatic X-rays)이

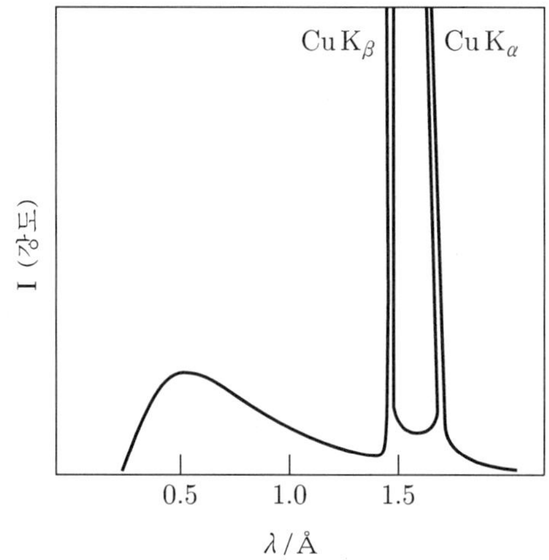

그림 1.1 구리의 양극에서 나오는 X선의 파장분포. 완만한 파장분포를 보이는 연속X선과 날카로운 파장분포를 보이는 특성X선이 있다.

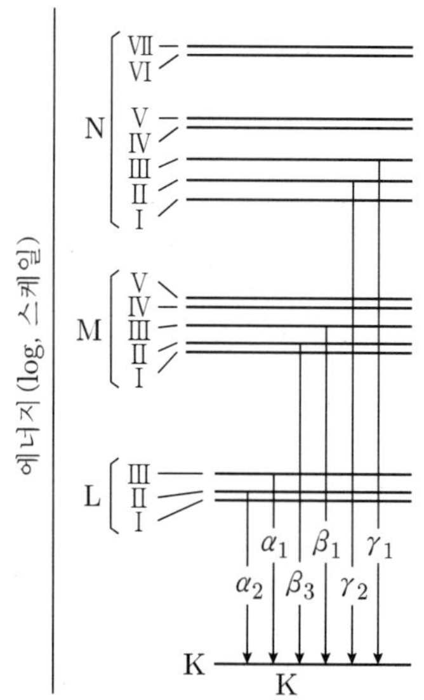

그림 1.2 특성X선이 발생하는 에너지. 천이 에너지가 높은 L, M, N각의 상태에서 에너지가 낮은 K각의 상태로 천이할 때, 그의 에너지 차이에 해당하는 X선이 발생한다.

라고도 부른다. 통상 사용되어지는 것은, 그림 1.2와 같이, L각으로부터 가장 낮은 K각으로 떨어질 때에 생기는 K_α선이나, M각에서 K각으로 떨어질 때 생기는 K_β선이다. 물질에 X선을 조사했을 때에도, 물질 중의 원자 내각의 전자를 두드려 꺼내어, 그 결과로서 그 원자 특유의 특성X선을 관측할 수 있다. 이 특성X선의 에너지를 관측하여, 미량의 원소분석에 이용할 수 있다. 이 방법을 **형광X선분석**(fluorescent X-ray analysis)이라고 말하고, 미량원소분석에 자주 사용되고 있다.

X선은 직진하지만, 물질에 의해 조금 굴절한다. 그 굴절률을 η라고 하면,

$$\eta = 1 - \delta \tag{1.2}$$

가 된다. 어떠한 물질이라도 δ값은

$$\delta = 10^{-5} \sim 10^{-6} \tag{1.3}$$

이다. X선은 이처럼 아주 조금밖에 굴절하지 않기 때문에, 가시광처럼 렌즈를 사용하여 집광시킨다는 일이 불가능하다. 즉, X선현미경은 만들 수 없다.

X선도 물질에 흡수된다. 이 흡수의 정도는 물질 중을 지나는 거리의 지수함수로 증가한다. 초기 X선강도를 I_o, 물질 중의 거리를 x만큼 지날 때의 강도를 I라고 하면,

$$I = I_o \exp(-\mu x) \tag{1.4}$$

로 나타낸다. 여기서 μ를 이 물질의 흡수계수라고 말한다. 각 원소에 대한 흡수계수는 다르기 때문에, 각 원소의 질량흡수계수 μ_M을 다음과 같이 정의한다.

$$\mu_M = \frac{\mu}{\rho} \tag{1.5}$$

여기서, ρ는 이 원소 단체의 밀도이다. 이렇게 하면, n종류의 원자를 갖는 결정의 흡수계수는 다음 식으로 나타낼 수 있다.

$$\mu = \rho_c \sum_{i=1}^{n} w_i \, \mu_{Mi} \tag{1.6}$$

여기서, 첨자 i는 i번째 종류를 나타내는 지표를 나타낸다. 또, ρ_c는 결정의 밀도이고, w_i는 각 원자의 존재비이다.

X선의 화학작용은, X선이 물질 중 원자의 내각전자를 두드려 꺼낼 때부터 생긴다. 원자의 양이온화와, 전자가 **여기**(Exitation) 하므로서 결합의 전리 및 재결합 등이 일어나고, 이것들이 화학변화를 일으키는 원인이 된다. 생체 중의 분자가 X선으로 위와 같은 변화가 일어나면, 돌연변이를 일으키고 세포 붕괴를 일으키는 일이 있어, 매우 위험하다. 그 때문에 X선의 피폭에 대하여 주의하지 않으면 안 된다.

1.3 회절법의 특징

원자의 3차원 배열을 알기 위한 제1조건은, 두 개 원자를 구별할 수 있을 정도의 파장인 빛을 사용하는 것이다. 원자 간 거리는 약 1 Å (10^{-10} m = 100 pm)정도이므로, 1 Å 정도의 빛이 필요하다. 이 정도 파장인 빛(전자파)이 X선이다. 가시광의 파장은 5×10^{-7} m 정도로 엄청 길기 때문에, 광학현미경으로는 원자가 보이지 않는다.

X선과 같은 전자파가 아니더라도, 전자나 중성자와 같은 입자는 파동의 성질을 갖고 있기 때문에, X선과 동일하게 회절현상을 사용하여 원자의 배열을 볼 수가 있다. 전자의 파장 λ(Å)은, 전자를 가속하는 전압 V(볼트)로 다음 식과 같이 구할 수 있다.

$$\lambda = \frac{12.3}{\sqrt{V}} (\text{Å}) \tag{1.7}$$

이 식으로부터, 100 V의 가속전압으로 1.23 Å 파장인 전자선을 얻을 수 있음을 알 수 있다.

원자로 내에 날아다니는 중성자의 파장은 다음 식처럼 온도 T(K)에 의해 정해진다.

$$\lambda = \frac{h}{\sqrt{3mkT}} \tag{1.8}$$

여기서, h, m, k 는 각각 프랑크 상수, 전자 질량, 볼츠만 상수이다. 이 식으로부터, 0℃ 에서 1.55 Å 인 파장의 중성자선이 얻어짐을 알 수 있다.

제2조건은, 원자나 분자의 구조를 확대하여 보는 것이기 때문에, 렌즈의 역할을 하는 것이 필요하다. 렌즈의 중요한 성질은 빛을 굴절하여 집광하는 것이다. 전자선은 자석에서 구부러지기 때문에, 강력한 전자석을 사용함으로서, 확대하여 보는 현미경을 만드는 것이 가능하다. 이것이 **전자현미경**(electron microscope)이다. 최근에는 원자 배열까지 볼 수 있는 전자현미경이 만들어지고 있다. 그러나 전자선은 전자와의 상호작용이 강하기 때문에, 물질의 표면에서 산란해 버림으로 내부까지 투과하는 힘이 약하다. 또 파장을 짧게 하여 투과력을 올리면, 물질이 쉽게 손상되는 문제도 있다. 한편, 그러한 특징을 살려서, 표면의 구조해석에는 위력을 발휘하고 있다.

X선과 중성자선은 어떠한 물질에 대해서도 투과하는 능력을 갖기 때문에, 물질 전체의 구조를 보는 것이 가능하지만, 작게 굴절하기 때문에, 적당한 렌즈를 사용하여 확대상을 만드는 것이 불가능하다. 그래서, 물질에서 산란된 X선이나 중성자를 필름 등에 기록하여 계산에 의해 확대상을 만들어야 하는 귀찮은 방법이 필요하게

되었다.

제3조건은, 분자의 원자 배열을 보는 데에는, 분자를 고정하지 않으면 안 된다는 것이다. 기체 중이나 액체 중의 분자는, 격렬하게 움직여 돌아다니기 때문에 보는 것이 불가능하다. 그러나 냉각하면, 대부분의 물질은 분자의 열진동이 제한되어, 3차원의 주기구조를 갖는 결정이 얻어진다. 결정 중에서도 원자나 분자는 열운동을 하고 있으나, 그의 움직임은 작기 때문에 평균 위치에서의 원자 배열을 보는 것은 가능하다.

제4의 조건은, X선의 산란을 관측하더라도, 1개의 원자로부터의 산란광으로는 너무 약해서 관측할 수 없다는 것이다. 그런데, 주기구조를 갖는 결정을 보고 있기 때문에, 주기단위 각각으로부터의 산란광이 합해 더해진 간섭광을 관측하게 된다는 유리한 조건이 있다. 관측하는 결정 내에 주기단위가 10^{18}개 정도 있다고 가정하면, 10^{18}배 더해진 강도의 산란광이 관측되게 된다.

이처럼, 분자의 원자 배열을 알기 위해서는, 결정을 만들어 X선을 사용하여 관측하는 것이 가장 용이하면서도 거의 유일한 방법인 것이다. 이 때문에, 원자 배열을 알기 위한 구조해석법이라고 하면, X선을 사용한 **결정구조해석법**(crystal structure analysis)을 말하는 것이다.

연습문제

[1] 브라그는 그림과 같이 NaCl의 구조를 추정하고, X선회절실험으로 이것을 증명했다. 이 구조가 바르다는 것은 제2장의 이론으로 증명되지만, 이 구조로부터 어떻게 하여 Na원자와 Cl원자의 거리를 구할 수 있었는지 생각해 보라. 유명한 브라그 식은 $2d\sin\theta = n\lambda$(n은 정수)이지만, 실험으로 측정할 수 있는 것은 회절각 θ이다. 따라서, X선의 파장 λ를 알지 못하면 결정의 주기단위인 d는 구할 수 없게 된다. X선이라고 불려지기 때문에, 당연하게 파장은 알지 못한다. 당시 아보가드로 상수인 $6.02 \times 10^{23}\mathrm{mol}^{-1}$은 알고 있었다는 것을 이용하여 주기단위 d를 구하고, Na원자와 Cl원자의 거리를 구하라. 여기서, NaCl의 밀도는 $2.17g\ cm^{-3}$이고, NaCl의 몰질량은 $58.5g\ \mathrm{mol}^{-1}$이다.

[2] 브라그는, NaCl과 같은 할로겐화알카리의 결정구조에서는, 알카리 금속원자는 양이온으로서 존재하고, 할로겐 원자는 음이온으로서 존재함을 증명했다. 당시의 실험법에서는 전자 1개의 차이를 밝힐 수 있을 정도의 정밀도는 없었지만, NaCl, KCl, NaBr, KBr의 일련의 할로겐화알카리 결정의 회절 패턴이 동일하다는 것으로부터 동형결정이라는 것을 증명하고, 더하여 KCl도 동일한 구조이지만, 주기단위가 NaCl 등에 비하면 거의 반절이 된다는 실험 사실을 얻었기 때문이다. 각 원자는 그의 원자가 갖는 전자수에 비례한 X선의 산란능을 갖는다는 것을 고려하여, 브라그의 증명법을 설명하라.

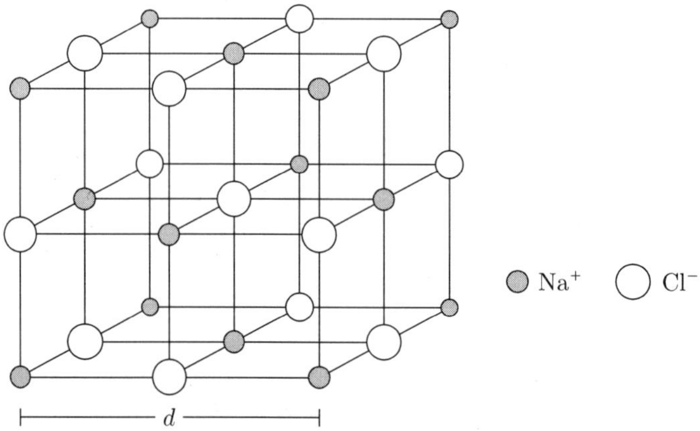

그림 브라그 부자에 의해 해석된 NaCl 구조도

2장 X선에 의한 산란

X선은 전자파이므로, 그의 진폭을 E_o, 파장을 λ, 진동수를 ν라고 하면, 그림 2.1 처럼 나타낼 수 있다. 이 파의 시각 t에서 진폭 E를 식으로 나타내면, 다음 식과

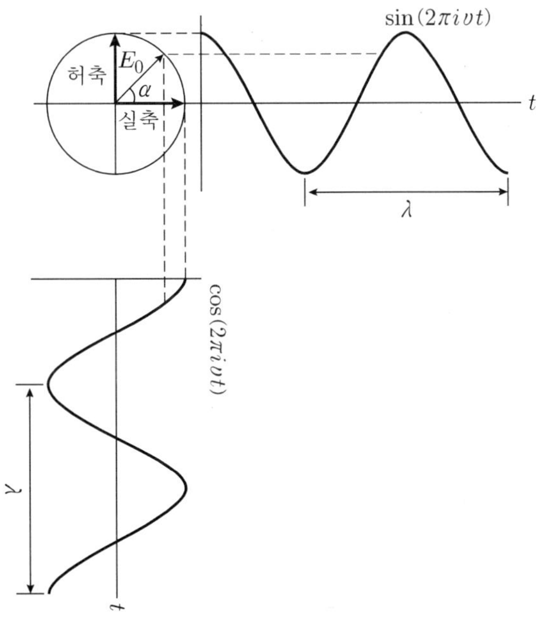

그림 2.1 전자파의 표현

같은 지수함수로 나타내는 것이 편리하다.

$$
\begin{aligned}
E &= E_o \exp(2\pi i \nu t) \qquad (i = \sqrt{-1}) \\
&= E_o \cos(2\pi \nu t) + i E_o \sin(2\pi \nu t)
\end{aligned} \tag{2.1}
$$

이 식은 복소평면 위에서, 반경이 E_o인 원에 원점을 시점으로 하는 벡터를 그리고, 이 벡터가 원주 위를 1회전했을 때의 벡터의 움직임을 나타내고 있다. 이의 실축에의 투영을 나타낸 것이 cos 성분이고, 허축에의 투영을 나타낸 것이 sin 성분이다. 따라서, (2.1)식은 그림 2.1에서 나타내는 것과 동일한 것이다. 벡터 실축이 만드는 각 α를 **위상**(phase)이라 부른다. 이 지수함수를 사용하여 X선의 산란을 설명하기로 한다.

2.1 1개의 전자에 의한 산란

그림 2.2의 원점 O에 1개의 전자가 있고, O를 중심으로 하는 반경 R인 원을 그린다. 이 전자에 지면 내의 PO 방향으로부터 X선이 입사하여 전자에 충돌하고, X선은 OQ 방향으로 산란한다고 하자. 여기서 PO 방향과 OQ 방향이 이루는 각을 산란각 2θ라고 한다.

X선은 원편광하기 때문에, 전자에 의해 산란된 X선의 편광을 고려하지 않으면 안 된다. 입사 X선은 그림 2.3처럼, POQ를 포함하는 면 내에서 진동하는 파(민무늬)와 그의 면에 수직한 방향으로 진동하는 파(사선 무늬)로 나누어 생각한다. 그렇게 하면, 전자의 위치로부터 R의 거리에서는, POQ를 포함하는 면 내의 산란파의 진폭을 $E_{\parallel}$ 라고 하면, 다음 식으로 낼 수 있다.

$$
E_{\parallel} = -E_o \frac{e^2}{mc^2} \frac{\cos 2\theta}{R} \exp(2\pi i \nu t) \tag{2.2}
$$

또 POQ 면에 수직한 방향의 산란파 진폭 $E_{\perp}$는

$$
E_{\perp} = -E_o \frac{e^2}{mc^2} \frac{1}{R} \exp(2\pi i \nu t) \tag{2.3}
$$

이 된다.

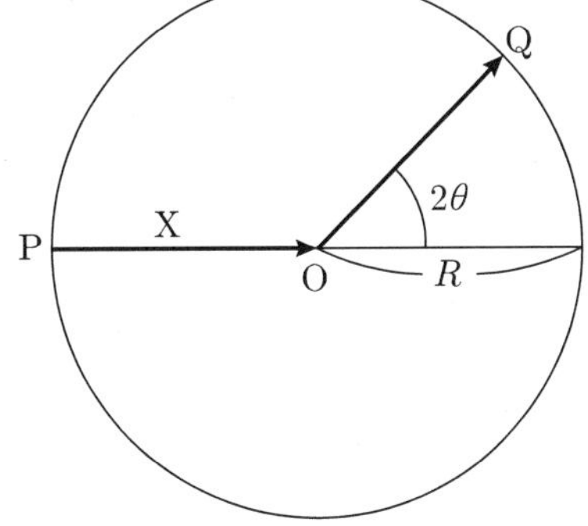

그림 2.2 1개의 전자에 의한 X선의 산란각 2θ의 정의

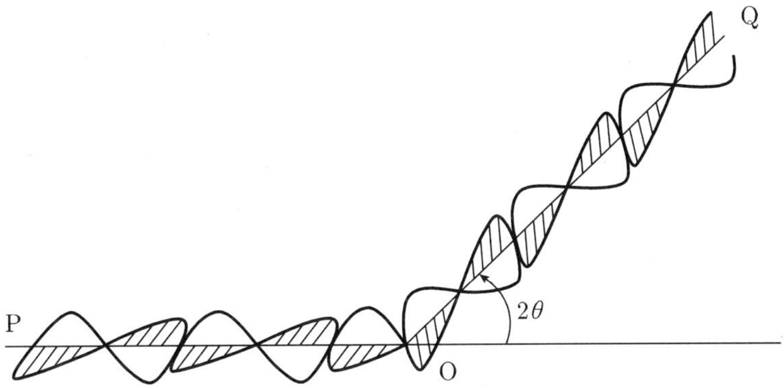

그림 2.3 X선의 편광에 의한 산란파의 편광인자

여기서, e, m, c는 각각 전자의 전하, 전자의 질량, 광속을 나타내고 있다. 그 결과, 산란파의 강도 I는

$$\mathrm{I} = \frac{|E_{\parallel}|^2 + |E_{\perp}|^2}{2} \tag{2.4}$$

가 된다. 제곱하면 exp항은 1이 되기 때문에,

$$\mathrm{I} = E_o^2 \left(\frac{e^2}{mc^2} \right)^2 \frac{1}{R^2} \frac{1+\cos^2 2\theta}{2} \tag{2.5}$$

가 된다. 이 식으로부터, X선의 강도는 거리의 제곱에 반비례한다. 또 산란각 2θ에 의존한다. 마지막 항 $\{(1+\cos^2 2\theta)/2\}$을 **편광인자**(palarization factor)라고 부른다.

2.2 X선의 간섭

진동수 ν인 X선이 전자에 산란되면 여러 가지 진동수의 X선이 산란된다. 동일한 진동수의 산란을 **톰슨산란**(Thomson scattering)이라 부르고, 진동수가 다른 산란을 **콤프턴 산란**(Compton scattering)이라 부른다. 그러나 산란파가 서로 간섭하는 것은 같은 진동수를 갖는 산란파뿐이다.

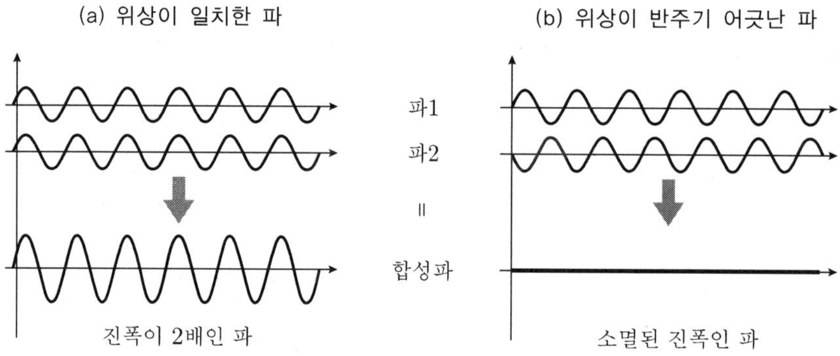

그림 2.4 파의 간섭

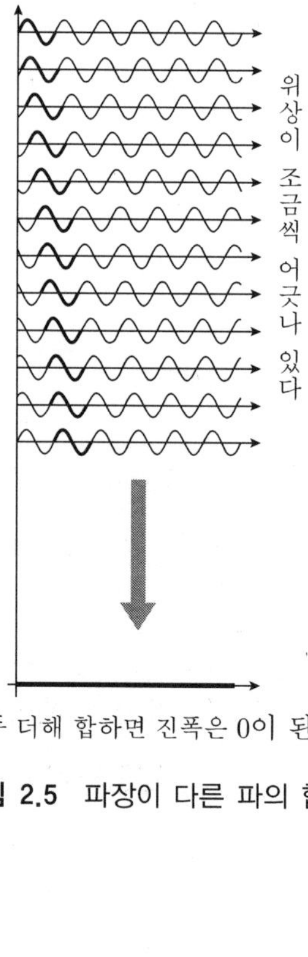

그림 2.5 파장이 다른 파의 합성

이것을 그림 2.4로 설명해 보자. (a)는 파1과 파2가 동일한 위상과 동일한 진동수 ν(동일한 파장 λ)인 것으로 하자. 각각의 시각 t에서 파1과 파2를 서로 합한 합성파가 2개 파의 간섭을 나타내고 있다. 위상이 동일하면, 산과 산, 마루와 마루가 일치하기 때문에 합성파의 진폭은 2배가 된다. (b)와 같이, 2개의 파의 산과 마루가 일치하면, 즉 위상이 반주기 π만큼 어긋나면, 합성파의 진폭은 소멸되어 항상 0이 되고, 이 파는 간섭하여 보이지 않게 되는 것이다. 그림 2.5처럼 파장이 다르면 합성파는 0이 되고, 간섭하지 않는다. 이러한 합성파의 고찰방법을 복소평면으로 그리면 그림 2.6이 된다. 파1의 벡터와 위상이 어긋난 파2의 벡터를 합성한 벡터가 복소평면 내를 회전하게 되고, 진폭과 위상은 그림처럼 벡터합성으로 얻을 수 있게 된다. 파1과 파2의 진폭은 동일하다고 가정하고 있지만, 진폭이 달라도 파장이 일치하면, 그림 2.4와 같은 간섭이 일어나, 마찬가지로 합성파가 생긴다.

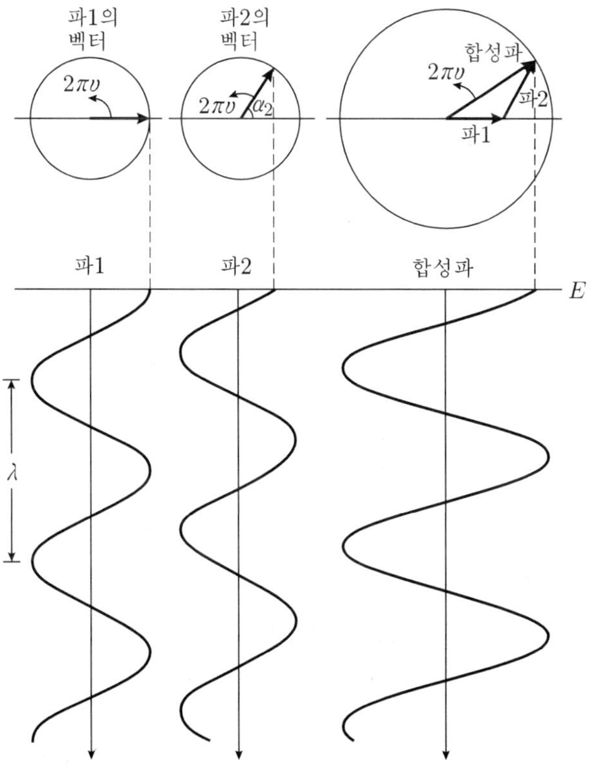

그림 2.6 2개 파의 벡터를 사용한 합성

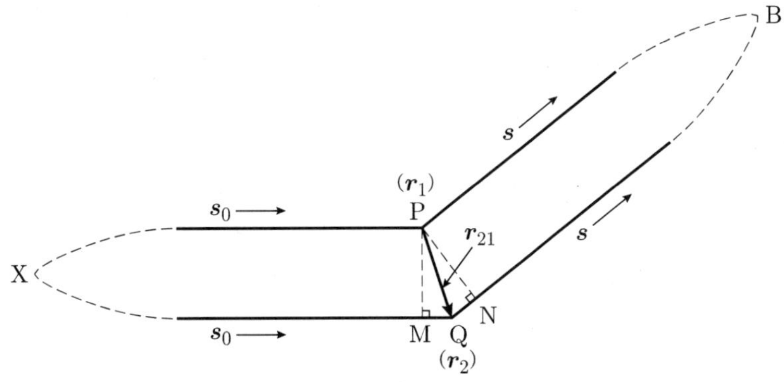

그림 2.7 2개의 전자에 의한 산란파의 간섭

그림 2.7처럼, 2개의 전자가 벡터 r_{21}만큼 떨어져 있는 경우 산란파의 간섭을 생각해 보자. 이 그림에서 r_{21}은 크게 보이지만, 이 파의 진폭과 비교하면 충분히 작기 때문에, 2개의 전자는 동일한 위치에 있다고 생각해도 된다. 그림 2.7에서 파는 지면 내의 편광성분만을 그리고 있지만, 나중에 편광인자를 곱한다고 생각해 보면 지면 내 만의 편광성분 만으로도 괜찮다.

X선은 s_o 방향 $(|s_o|=1)$에서 입사하여, s 방향$(|s|=1)$으로 산란한다고 하자. P점에 있는 전자1에서 산란된 X선을 E_1이라고 하고, Q점에 있는 전자2에서 산란된 X선을 E_2라고하면,

$$E_1 = -E_o \exp(2\pi i \nu t) \tag{2.6}$$

$$E_2 = -E_o \exp(2\pi i \nu t - i\alpha) \tag{2.7}$$

로 나타내어진다. (2.7)식의 exp 내의 제2항은, 전자2에서 산란되는 파가 전자1에서 산란되는 파보다 거리가 길기 때문에 위상이 늦어짐을 고려한 것이다. 전자2에서 산란되는 파가 더 많이 진행하는 거리는, 전자1로부터 전자2의 파의 행로로 내린 수선의 발을 M과 N이라고 하면, MQ+QN 만큼 길어지게 된다. 이것이 행로차이다. 벡터로 나타내면,

$$\mathrm{MQ}+\mathrm{QN} = (r_{21} \cdot s_o) + (-r_{21} \cdot s) = \{r_{21} \cdot (s_o - s)\} \tag{2.8}$$

행로차가 파장과 같아지게 되면 위상차는 2π 어긋나게 되기 때문에, 전자2의 산

란파에 생기는 위상차는, 다음 식과 같이 나타낼 수 있다.

$$\text{위상차} = \text{행로차} \times \frac{2\pi}{\lambda} = \frac{2\pi}{\lambda}\{\boldsymbol{r}_{21} \cdot (\boldsymbol{s}_o - \boldsymbol{s})\} \tag{2.9}$$

이 값을 (2.7)식의 α에 대입하면,

$$\begin{aligned} E_2 &= -E_o \exp\left[2\pi i\nu t - i\frac{2\pi}{\lambda}\{\boldsymbol{r}_{21} \cdot (\boldsymbol{s}_o - \boldsymbol{s})\}\right] \\ &= -E_o \exp\left[2\pi i\nu t + 2\pi i\left\{\boldsymbol{r}_{21} \cdot \frac{\boldsymbol{s} - \boldsymbol{s}_o}{\lambda}\right\}\right] \end{aligned} \tag{2.10}$$

이 된다. 여기서 원점 O를 다른 위치로 취하여, 전자1까지의 위치벡터를 r_1, 전자2까지의 위치벡터를 r_2로 바꿔 주면,

$$E_1 = -E_o \exp\left[2\pi i\nu t + 2\pi i\left\{\boldsymbol{r}_1 \cdot \frac{\boldsymbol{s} - \boldsymbol{s}_o}{\lambda}\right\}\right] \tag{2.11}$$

$$E_2 = -E_o \exp\left[2\pi i\nu t + 2\pi i\left\{\boldsymbol{r}_2 \cdot \frac{\boldsymbol{s} - \boldsymbol{s}_o}{\lambda}\right\}\right] \tag{2.12}$$

이 된다. 여기서 산란벡터 $\boldsymbol{K}$를 다음과 같이 정의한다.

$$\boldsymbol{K} = \frac{\boldsymbol{s} - \boldsymbol{s}_o}{\lambda} = \frac{\boldsymbol{S}}{\lambda} \tag{2.13}$$

이 $\boldsymbol{K}$벡터는 입사벡터 $\boldsymbol{s}_o$ 및 산란벡터 $\boldsymbol{s}$와 그림 2.8과 같은 관계가 있다. 만약 X선이 거울 면에서 반사했다고 가정하면, $\boldsymbol{S}$와 $\boldsymbol{K}$ 벡터는 이 반사면에 수직하다. 또 $\boldsymbol{K}$벡터의 절대치는, $\boldsymbol{s}_o$와 $\boldsymbol{s}$가 단위벡터이므로 그림 2.8로부터 다음 식이 된다.

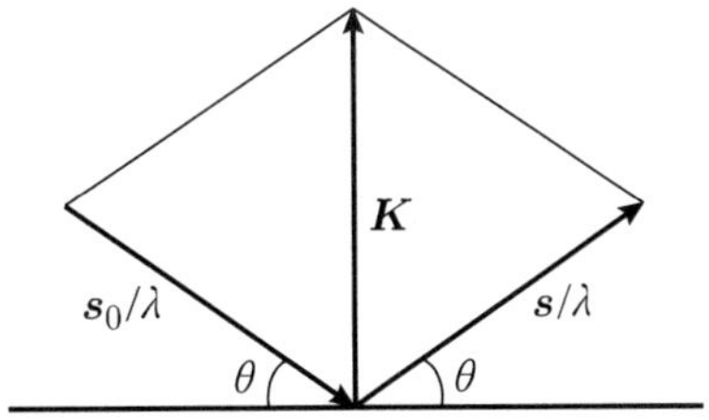

그림 2.8 산란벡터 $\boldsymbol{K}$의 정의. 산란면에 수직하게 취한다.

$$|\boldsymbol{K}| = \frac{2\sin\theta}{\lambda} \tag{2.14}$$

이 $\boldsymbol{K}$벡터를 사용하면, E_1과 E_2는

$$E_1 = -E_o \exp\{2\pi i\nu t + 2\pi i(\boldsymbol{r}_1 \cdot \boldsymbol{K})\} \tag{2.15}$$

$$E_2 = -E_o \exp\{2\pi i\nu t + 2\pi i(\boldsymbol{r}_2 \cdot \boldsymbol{K})\} \tag{2.16}$$

으로 나타낼 수 있다. 2개의 파가 간섭하여 합성파를 만들면, 다음과 같이 된다.

$$E_1 + E_2 = -E_o \exp(2\pi i\nu t)[\exp\{2\pi i(\boldsymbol{r}_1 \cdot \boldsymbol{K})\} + \exp\{2\pi i(\boldsymbol{r}_2 \cdot \boldsymbol{K})\}] \tag{2.17}$$

이로부터, 2개의 파를 합성하는 데에는 위상차를 고려하여 서로 합하면 된다는 것을 알 수 있다. 이 결과는 n개의 전자가 존재하는 경우에도 동일하다. j번째 전자의 좌표를 $\boldsymbol{r}_j$라 하면, 그의 위상차는 $\exp\{2\pi(\boldsymbol{r}_j \cdot \boldsymbol{K})\}$로 나타낼 수 있기 때문에, 합성파의 진폭은,

$$E = -E_o \exp(2\pi i\nu t) \sum_{j=1}^{n} \exp\{2\pi i(\boldsymbol{r}_j \cdot \boldsymbol{K})\} \tag{2.18}$$

이 된다. 실제로 관측할 수 있는 산란강도 I는 진폭 E의 제곱이므로,

$$I = |E|^2 = EE^* = E_o^2 \left[\sum_{j=1}^{n} \exp\{2\pi i(\boldsymbol{r}_j \cdot \boldsymbol{K})\}\right]^2 \tag{2.19}$$

가 된다. 위 식의 위상차의 합의 제곱이 각 방향으로의 산란파의 강도를 나타내고 있기 때문에, 이 위상차의 합을 산란능 또는 **산란인자**(scattering factor)라고 부른다. 이후는 산란인자에 대해서만 설명하는데, 이것은 실측치가 **산란강도**(scattering intensity)이므로, 파의 진행 성분 $\exp(2\pi i\nu t)$는 남지 않기 때문이다.

2.3 원자에 의한 산란

원자는 전자구름으로 둘러싸여 있기 때문에, 이 전자구름이 X선을 산란한다. 이 전자구름의 좌표 $\boldsymbol{r}$에서의 전자밀도를 $\rho(\boldsymbol{r})$라 하고, $\boldsymbol{r}$근방의 미소 영역을 dv_r이라 하

자. 그러면, dv_r로부터의 산란은 전자수와 그의 위상차를 고려하여,

$$\{\rho(\boldsymbol{r})dv_r\}\exp\{2\pi i(\boldsymbol{r}\cdot\boldsymbol{K})\}$$

가 된다. $\rho(\boldsymbol{r})dv_r$은 연속함수이기 때문에, 원자 전체로부터의 산란파를 합성하는데는 합이 아니고, 원자 전체 V로 적분하게 된다. 이 값을 **원자 산란인자** $f(\boldsymbol{K})$(atomic scattering factor)라고 부른다.

$$f(\boldsymbol{K}) = \int_V \rho(\boldsymbol{r})\exp\{2\pi i(\boldsymbol{r}\cdot\boldsymbol{K})\}dv_r \tag{2.20}$$

여기서, 원자의 전자밀도는 구대칭이라고 가정하면,

$$\rho(\boldsymbol{r}) = \rho(r) \tag{2.21}$$

미소 영역 dv_r을 그림 2.9처럼 구대칭으로 생각하면,

$$dv_r = (2\pi r\sin\alpha)(rd\alpha)dr = 2\pi r^2\sin\alpha d\alpha dr \tag{2.22}$$

여기서 α는 그림에서처럼 $\boldsymbol{K}$와 r이 만드는 각도이다.

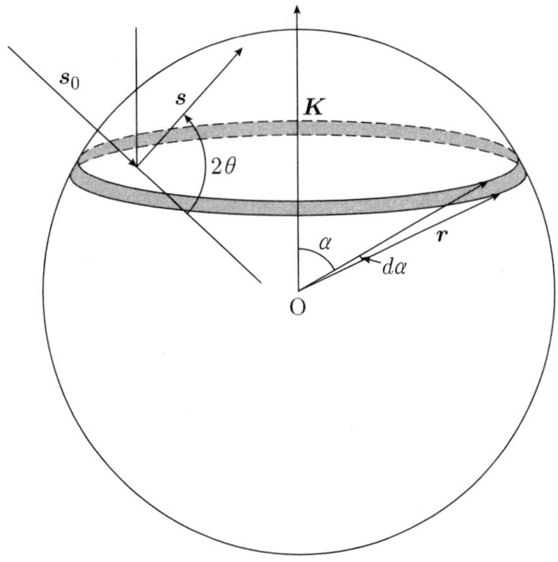

그림 2.9 구대칭 원자 전자구름의 미소 영역으로부터의 산란

$$f(|\boldsymbol{K}|) = 2\pi \int_{\alpha=0}^{2\pi} \int_{r=0}^{\infty} \rho(r)\{\exp(2\pi i r|\boldsymbol{K}|\cos\alpha)\} r^2 \sin\alpha d\alpha dr$$

$$= 2\pi \int_{r=0}^{\infty} \rho(r) r^2 \left[-\frac{\exp(2\pi i r|\boldsymbol{K}|\cos\alpha)}{2\pi i r|\boldsymbol{K}|} \right]_{\alpha=0}^{2\pi} dr$$

$$= 4\pi \int_{r=0}^{\infty} \rho(r) r^2 \left\{ \frac{\sin 2\pi r|\boldsymbol{K}|}{2\pi r|\boldsymbol{K}|} \right\} dr \tag{2.23}$$

이것 이상은 $\rho(r)$의 함수가 정해지지 않으면 계산할 수 없다. 각 원자에 대해서, $|\boldsymbol{K}|$ 대신에 $|\boldsymbol{K}|/2 = \sin\theta/\lambda$의 0.05 간격의 값이 수치 계산되어 있어, International Tables for Crystallography Vol. C에 게재되어 있다.

각 원자의 산란인자가 $\sin\theta/\lambda$의 0.05 간격의 수치로는 사용하기 힘들기 때문에, 이것들의 수치를 다음의 함수로 근사하는 방법이 일반적으로 사용되고 있다.

$$f\left(\frac{\sin\theta}{\lambda}\right) = \sum_{i=1}^{4} a_i \exp\left(\frac{-b_i \sin^2\theta}{\lambda^2}\right) + c \tag{2.24}$$

이 식에서 상수인 $a_i (i = 1, \cdots, 4)$, $b_i (i = 1, \cdots, 4)$, c의 값은 각 원자에 대해 구해져 있고, 역시 International Tables for Crystallography Vol. C에 게재되어 있다.

$|\boldsymbol{K}| = 0$, 즉 산란각이 0도일 때는, (2.23)식의 { } 내의 항은 1이 된다. $4\pi r^2 \rho(r)$은 반경 r인 구면의 전자밀도를 나타내고 있기 때문에, r에 대해 0에서 무한대까지 적분하면,

$$f(0) = 4\pi \int_{r=0}^{\infty} \rho(r) r^2 dr = Z \tag{2.25}$$

가 된다. 여기서 Z는 이 원자의 전체 전자 수이다. 각 원자의 산란인자는 산란각이 크게 되면 그림 2.10에 보인 것처럼 감소하기 때문에, 일정한 산란각에서 비교하면 각 원자 산란인자는 그 원자의 전체 전자 수에 비례한다고 생각하면 된다.

이제까지의 설명에서는, 입사 X선의 파장은 X선을 산란하는 원자가 흡수하는 X선 파장과 상당히 다르기 때문에, 입사 X선을 마치 고무총알을 벽이 튕겨 내는 것처럼, 입사X선과 동일한 파장으로 산란하는 것으로 생각했다. 그런데, 입사 X선의 에너지가 원자의 내각전자를 두드려 꺼내는 에너지보다 조금 강한 에너지를 가지면, X선은 효과적으로 그 원자에 흡수되어, 그 원자로부터 파장이 다른 X선이 산란된

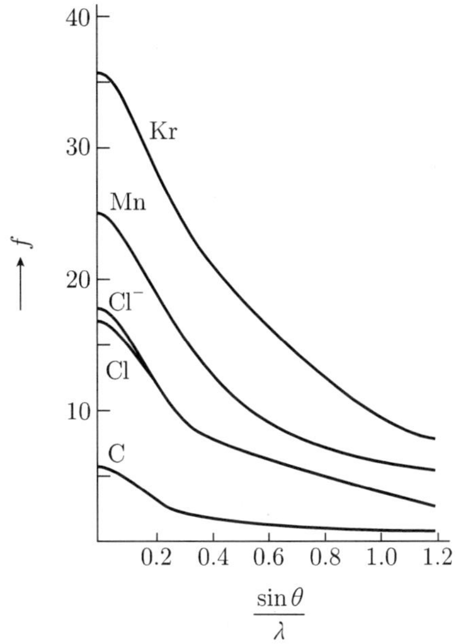

그림 2.10 여러 원자 산란인자의 산란각도에 대한 변화

다. 그러면, 입사 X선과 동일한 파장으로 산란되는 X선에도 영향이 나타난다. 이 현상을 **이상산란 효과**(anomalous scattering effect)라고 부른다. 이 이상산란 효과에 의해서, 통상의 산란인자에 보정항 f'이 더해지는 것뿐만이 아니고, 위상이 $\pi/2$ 만큼 늦어진 성분 f''이 나타나게 된다. 이 영향을 고려하면 원자 산란인자는 다음 식으로 나타내어진다.

$$f\left(\frac{\sin\theta}{\lambda}\right) = f_o\left(\frac{\sin\theta}{\lambda}\right) + f' + if'' \tag{2.26}$$

이 식의 우변 제3항은 허수항으로, 복소평면에서는 $\pi/2$만큼 위상이 늦어지는 것에 대응한다.

2.4 단위포로부터의 산란

결정은 3차원의 주기구조이고, 그의 주기단위를 단위포라 부른다. 단위포의 임의의 점 r에서의 전자밀도를 $\rho(r)$이라 한다. 이때에 단위포 전체로부터의 $\boldsymbol{K}$ 방향으로

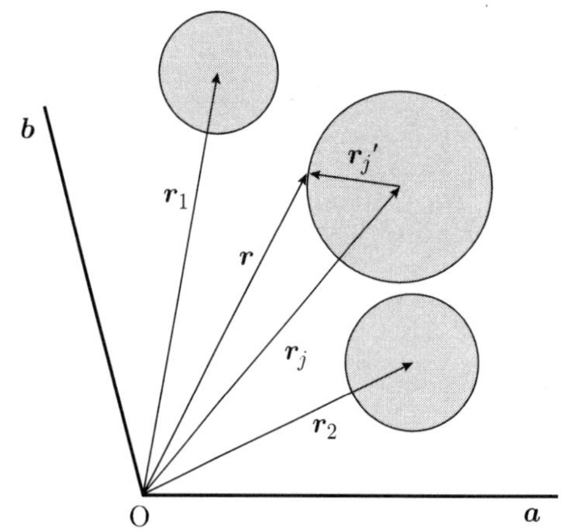

그림 2.11 단위포 안에 원자로부터의 산란인자

의 산란인자를 $F(\boldsymbol{K})$라고 하면, 1개 원자로부터의 산란인자와 완전히 동일하게, 다음과 같이 주어진다.

$$F(\boldsymbol{K}) = \int_V \rho(\boldsymbol{r})\exp\{2\pi i(\boldsymbol{r} \cdot \boldsymbol{K})\}dv_r \tag{2.27}$$

여기서, 원자는 충분히 떨어져 있기 때문에 전자밀도에 중첩이 없다고 가정하면, 그림 2.11과 같이 나타낼 수 있다. 따라서,

$$\boldsymbol{r} = \boldsymbol{r}_j + \boldsymbol{r}_j' \tag{2.28}$$

$$\rho(\boldsymbol{r}) = \sum_{j=1}^{n} \rho(\boldsymbol{r}_j') \tag{2.29}$$

가 된다. $\boldsymbol{r}_j$는 단위포 내의 원자으로부터 j번째 원자의 좌표이고, $\boldsymbol{r}_j'$는 그 원자핵의 위치로부터 전자의 좌표이다. 이 식을 (2.27)식에 대입하면, 다음 식과 같이 된다.

$$\begin{aligned} F(\boldsymbol{K}) &= \int_V \sum_{j=1}^{n} \rho(\boldsymbol{r}_j')\exp[2\pi i\{(\boldsymbol{r}_j + \boldsymbol{r}_j') \cdot \boldsymbol{K}\}]dv_r \\ &= \sum_{j=1}^{n} \left[\int_{V'} \rho(\boldsymbol{r}_j')\exp\{2\pi i(\boldsymbol{r}_j' \cdot \boldsymbol{K})\}dv_r\right]\exp\{2\pi i(\boldsymbol{r}_j \cdot \boldsymbol{K})\} \end{aligned} \tag{2.30}$$

여기서, 적분과 합의 순서를 바꾸어 놓았기 때문에, 적분 범위는 각각의 원자 주

위에서만 행하고, 그 후 각 원자에 대해서 합을 취하게 된다.

이 식의 [　] 내의 식은 원자 산란인자의 식과 동일하기 때문에,

$$F(\boldsymbol{K}) = \sum_{j=1}^{n} f(\boldsymbol{K})\exp\{2\pi i(\boldsymbol{r}_j \cdot \boldsymbol{K})\} \tag{2.31}$$

이 $F(\boldsymbol{K})$를 단위포의 **구조인자**(structure factor)라고 부르지만, 각 원자의 원자 산란인자의 산란진폭을 갖는 파를 그 원자의 위상차를 고려하여 합해 더한 형태이다.

2.5 결정으로부터의 산란

결정으로부터의 산란도 단위포로부터 산란과 마찬가지이다. 결정 전체로부터의 구조인자를 $F_{all}(\boldsymbol{K})$라고 하면, 각 단위포로부터의 산란인자를 진폭으로, 위상차를 고려하여 결정 전체의 단위포에 대해 합해 더하면, 다음 식과 같이 된다.

$$F_{all}(\boldsymbol{K}) = \sum_{j=1}^{n} F(\boldsymbol{K})\exp\{2\pi i(\boldsymbol{r}_j \cdot \boldsymbol{K})\} \tag{2.32}$$

여기서, r_j는 그림 2.12에서처럼 j번째 단위포의 원점의 좌표를 나타내고 있다. a축(벡터 $\boldsymbol{a}$, $\boldsymbol{b}$, $\boldsymbol{c}$의 방향으로 잡은 축을 각각 a축, b축, c축이라 한다) 방향으로 n_1번째, b축 방향으로 n_2번째, c축 방향(그림에서는 그려 있지 않다)으로 n_3번째 단위포를 j번째 단위포라 하면,

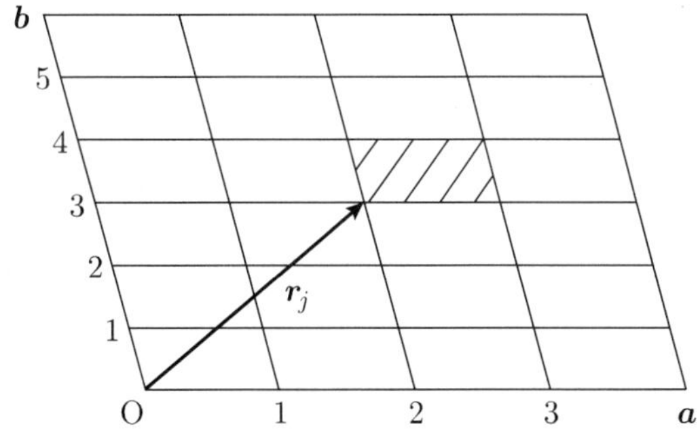

그림 2.12 결정격자 전체로부터의 산란인자

$$\boldsymbol{r}_j = n_1\boldsymbol{a} + n_2\boldsymbol{b} + n_3\boldsymbol{c} \tag{2.33}$$

으로 나타내어진다. 이 $\boldsymbol{r}_j$를 (2.32)식에 대입하면 다음 식과 같이 된다.

$$\begin{aligned} F_{all}(\boldsymbol{K}) &= \sum_{n_1=0}^{N_1}\sum_{n_2=0}^{N_2}\sum_{n_3=0}^{N_3} F(\boldsymbol{K})\exp[2\pi i\{(n_1\boldsymbol{a}+n_2\boldsymbol{b}+n_3\boldsymbol{c})\cdot\boldsymbol{K}\}] \\ &= F(\boldsymbol{K})\sum_{n_1=0}^{N_1}\exp\{2\pi i n_1(\boldsymbol{a}\cdot\boldsymbol{K})\}\sum_{n_2=0}^{N_2}\exp\{2\pi i n_2(\boldsymbol{b}\cdot\boldsymbol{K})\} \\ &\quad\times\sum_{n_3=0}^{N_3}\exp\{2\pi i n_3(\boldsymbol{c}\cdot\boldsymbol{K})\} \end{aligned} \tag{2.34}$$

여기서 N_1, N_2, N_3는 a축, b축, c축 방향으로 존재하는 단위포의 수이고, 매우 큰 수이다. 여기서, $\sum\exp\{2\pi i n_1(\boldsymbol{a}\cdot\boldsymbol{K})\}$, $\sum\exp\{2\pi i n_2(\boldsymbol{b}\cdot\boldsymbol{K})\}$, $\sum\exp\{2\pi i n_3(\boldsymbol{c}\cdot\boldsymbol{K})\}$를 **라우에 함수**(Laue function)라 부른다. $\sum\exp\{2\pi i n_1(\boldsymbol{a}\cdot\boldsymbol{K})\}$의 $\boldsymbol{a}\cdot\boldsymbol{K}$는 스칼라양이기 때문에 이 값을 φ라고 하면, 라우에 함수는 $\sum\exp(2\pi i n_1\varphi)$가 된다. 그림 2.13에서 보는 것처럼 복소평면상에서 벡터 $\exp(2\pi i\varphi)$를 무한히 합해 더하면, 원점에 대해 서로 반대 방향인 벡터와 만나 지워져 0이 된다. 그러나 φ가 정수라면, 위상

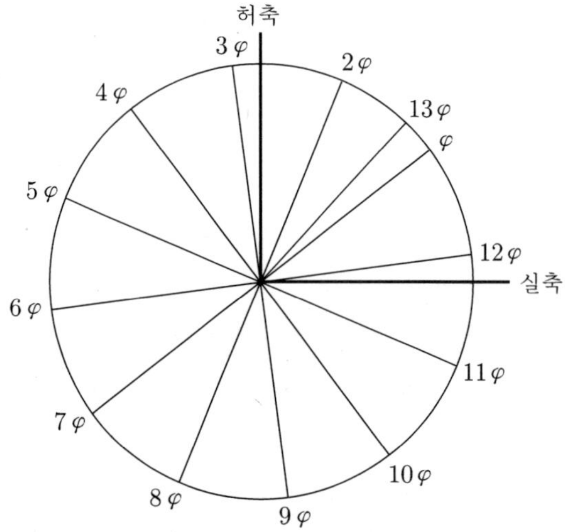

그림 2.13 라우에 함수의 그림에 의한 표시. 각 항의 $\exp(2\pi if)$을 합해 더한다. 각 항이 1 이외에서는 합해 더하면 소멸되어 0이 된다.

각 $2\pi\varphi$는 항상 위상각 0인 실축상의 벡터가 되고, 이의 크기는 1인 벡터를 더해 합하게 되기 때문에, N_1개 합해 더하면, 산란벡터 $\boldsymbol{K}$가

$$\boldsymbol{a} \cdot \boldsymbol{K} = h, \quad \boldsymbol{b} \cdot \boldsymbol{K} = k, \quad \boldsymbol{c} \cdot \boldsymbol{K} = l \tag{2.35}$$

인 조건을 만족할 때, 각각의 라우에 함수는 N_1, N_2, N_3가 되기 때문에,

$$F_{all}(\boldsymbol{K}) = F(\boldsymbol{K}) \times N_1 N_2 N_3 \tag{2.36}$$

이 된다. N_1, N_2, N_3은 단위포의 전체 개수이다. 단위포 1변을 10Å, 결정의 한 변을 0.1 mm라고 하면, 단위포는 한 변에 10^5있기 때문에, N_1, N_2, N_3는 10^5라는 매우 큰 값이 된다. (2.35)식의 조건을 **라우에 조건**(Laue condition)이라 부른다.

결정으로부터의 산란을 생각할 때는 $F_{all}(\boldsymbol{K})$을 사용해야 하지만, (2.36)식으로부터 $F(\boldsymbol{K})$의 정수배이기 때문에, 이후는 $F(\boldsymbol{K})$만을 생각하면 된다. 여기서 잊어서는 안 되는 것은, 분자 레벨의 크기밖에 되지 않는 $F(\boldsymbol{K})$로부터 어떻게 눈에 보이는 거시적 세계에서 강도 측정이 가능한지에 대해 말하면, N_1, N_2, N_3라는 배율이 곱해져 있기 때문이고, 이 배율 덕택에, 미시적인 세계의 구조를 우리들이 볼 수 있는 것이다. 그러나 이로운 점만 있는 것이 아니다. 이러한 배율을 곱한다고 하는 것은, 모든 단위포 내의 구조가 동일하다고 가정하고 있기 때문에 가능한 것이다. 그래서 개개 단위포의 정보는 사라져 버리고, 평균된 구조만 볼 수 있게 되는 것이다.

또 하나의 중요한 것은, 단위포의 구조인자 $F(\boldsymbol{K})$의 $\boldsymbol{K}$벡터는 모든 방향이 가능하지만, $F_{all}(\boldsymbol{K})$의 $\boldsymbol{K}$벡터는 라우에 조건을 만족하는 띄엄띄엄 건너뛰는 방향밖에 없다는 것이다. 그러나 통상의 결정으로부터의 산란은, 원자의 배열을 정하는 파라메터보다 훨씬 많은 방향으로 $F_{all}(\boldsymbol{K})$가 있기 때문에, 구조해석을 하는 데 지장을 받지 않는다.

2.6 역격자란 무엇인가?

주기구조를 갖는 결정으로부터의 산란은, $\boldsymbol{K}$벡터가 라우에 조건 (2.35)식을 만족하는 것이 필수조건이다. (2.35)식 그대로는 사용하기 어렵기 때문에, 이 식에 수학

적인 변환을 가미할 필요가 있다. 그래서 실격자 벡터 $\boldsymbol{a}$, $\boldsymbol{b}$, $\boldsymbol{c}$ 에 대해서, 다음 식을 만족하는 3개의 독립한 벡터 $\boldsymbol{a}^*, \boldsymbol{b}^*, \boldsymbol{c}^*$를 도입한다.

$$\left.\begin{array}{lll} \boldsymbol{a}\cdot\boldsymbol{a}^*=1, & \boldsymbol{a}\cdot\boldsymbol{b}^*=0, & \boldsymbol{a}\cdot\boldsymbol{c}^*=0 \\ \boldsymbol{b}\cdot\boldsymbol{a}^*=0, & \boldsymbol{b}\cdot\boldsymbol{b}^*=1, & \boldsymbol{b}\cdot\boldsymbol{c}^*=0 \\ \boldsymbol{c}\cdot\boldsymbol{a}^*=0, & \boldsymbol{c}\cdot\boldsymbol{b}^*=0, & \boldsymbol{c}\cdot\boldsymbol{c}^*=1 \end{array}\right\} \tag{2.37}$$

그리고, $\boldsymbol{K}$벡터는, 이 3가지 벡터로 만들어지는 격자의 원점에서 임의의 격자점까지의 벡터라고 하자. h, k, l을 임의의 정수라고 하면,

$$\boldsymbol{K}=h\boldsymbol{a}^*+k\boldsymbol{b}^*+l\boldsymbol{c}^* \tag{2.38}$$

로 나타낼 수 있다. 이 $\boldsymbol{K}$벡터로 다음 식을 계산하면,

$$\left.\begin{array}{l} \boldsymbol{K}\cdot\boldsymbol{a}=h(\boldsymbol{a}^*\cdot\boldsymbol{a})+k(\boldsymbol{b}^*\cdot\boldsymbol{a})+l(\boldsymbol{c}^*\cdot\boldsymbol{a})=h \\ \boldsymbol{K}\cdot\boldsymbol{b}=h(\boldsymbol{a}^*\cdot\boldsymbol{b})+k(\boldsymbol{b}^*\cdot\boldsymbol{b})+l(\boldsymbol{c}^*\cdot\boldsymbol{b})=k \\ \boldsymbol{K}\cdot\boldsymbol{c}=h(\boldsymbol{a}^*\cdot\boldsymbol{c})+k(\boldsymbol{b}^*\cdot\boldsymbol{c})+l(\boldsymbol{c}^*\cdot\boldsymbol{c})=l \end{array}\right\} \tag{2.39}$$

가 되고, (2.35)식의 라우에 조건과 완전히 동일하게 된다. 그런데, (2.37)식을 만족하는 $\boldsymbol{a}^*$, $\boldsymbol{b}^*$, $\boldsymbol{c}^*$는 수학적으로 풀 수가 있어서,

$$\boldsymbol{a}^*=\frac{\boldsymbol{b}\times\boldsymbol{c}}{V},\quad \boldsymbol{b}^*=\frac{\boldsymbol{c}\times\boldsymbol{a}}{V},\quad \boldsymbol{c}^*=\frac{\boldsymbol{a}\times\boldsymbol{b}}{V} \tag{2.40}$$

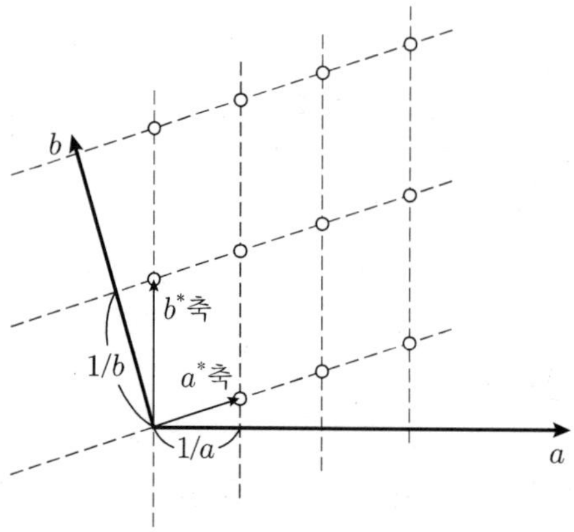

그림 2.14 실격자와 역격자의 관계. a^*축, b^*축은 각각 b축, a축에 수직한다.

이 된다. 여기서 $V=\{a\cdot(b\times c)\}=\{b\cdot(c\times a)\}=\{c\cdot(a\times b)\}$로, 단위포의 체적을 나타내고 있다. 실제, $(b\times c)$라는 벡터곱은 b와 c벡터에 수직하고, 크기는 b와 c벡터가 만드는 평행사변형의 면적과 같다는 것을 고려하면, (2.40)식의 a^*, b^*, c^*은 (2.37)식과 완전히 동등하다는 것을 확인할 수 있을 것이다.

이 a^*, b^*, c^*로부터 만들어지는 격자를 역격자라고 부른다. $\boldsymbol{K}$벡터는 이 역격자의 격자점으로 향한 벡터이다. 또 a, b, c 가 만드는 공간을 실공간, a^*, b^*, c^*가 만드는 공간을 역공간이라고 부른다. 실격자와 역격자 관계를 2차원에 나타내면, 그림 2.14처럼, a^*축은 b축에 수직, b^*축은 a축에 수직하고, a^*축, b^*축이 만드는 역격자는 a축, b축과 각각 $1/a$, $1/b$에서 교차한다(단, $a=|\boldsymbol{a}|$, $b=|\boldsymbol{b}|$이다).

2.7 역격자와 실격자 관계

앞 절에서, 결정의 회절조건을 만족하여 산란되는 X선은 모든 방향이 아닌, 산란벡터가 (2.38)식을 만족하는 역격자의 격자점 방향으로만 산란한다는 것을 설명하였다. 이 역격자점과 실제의 격자는 어떤 관계에 있는지를 알아보기로 하자.

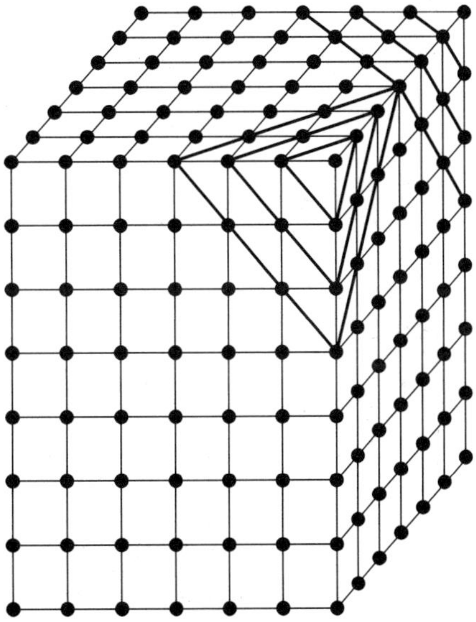

그림 2.15 결정의 격자면. 평행한 면의 집합으로 모든 격자점을 포함한다.

결정에는 **격자면**(lattice plane) 혹은 **결정면**(crystal plane)이라는 개념이 정의되어 있다. 이것은 그림 2.15에 그의 한 예를 보여 주고 있는 것처럼, 결정격자의 모든 격자점을 통과하고, 평행하며, 등간격인 평면의 집합을 말한다. 이러한 평면의 집합은 무수히 생각할 수 있기 때문에, 각각의 평면의 집합을 구별할 필요가 있다. 1개 평면의 집합을 정의하는 방법으로서, 이 평면의 집합 중에서 가장 원점에 가까운 평면을 골라잡는다. 이 평면이 a축, b축, c축과 a/h, b/k, c/l에서 교차한다고 하면, 이 평면의 집합을 (hkl)면이라고 정의한다. h, k, l을 면지수 혹은 **밀러지수**(miller index)라고 부른다. 만약 어떤 축에 평행하고 교차하지 않을 때에는 그 면지수를 0이라고 한다. 그림의 평면은, $a/1$, $b/1$, $c/1$에서 교차하기 때문에 (1 1 1)면이다. 3차원으로 나타내기 어렵기 때문에, 그림 2.16에 여러 가지 면의 집합을 2차원으로 나타내고 있다. 또한 h, k, l이 음(-)의 값을 갖는 경우도 있다.

결정의 표면을 만드는 결정면은 이들의 격자면 중 비교적 간단한 지수로 되어져 있는 것과 평행이다. 그 지수는 밀러지수로 나타내진다. 이 때문에, 결정이 주기구조를 갖으면 유리지수의 법칙이 성립한다는 것은 확실하다. 또 역으로, 유리지수의 법칙으로부터 결정이 주기구조를 갖는다고 추론한 근거를 이해할 수 있을 것이다. 결정면과 격자면은 동일한 개념으로 사용되고 있으나, 결정면은 결정의 표면에 한정하여 사용하는 편이 혼란이 적다.

그런데, 어느 격자면의 면 간격은 어떻게 나타낼 수 있는 것일까? 그림 2.17에서

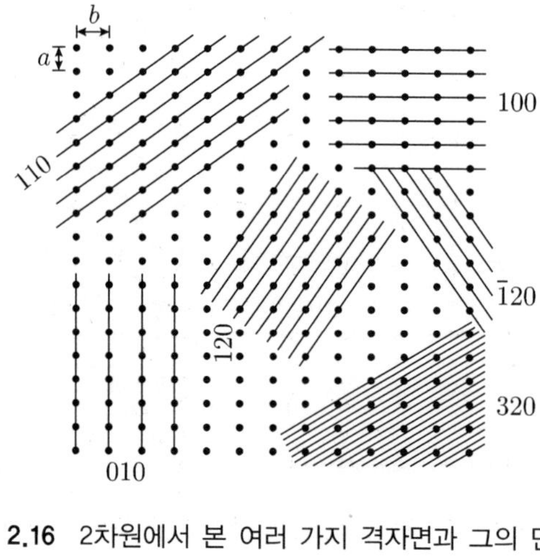

그림 2.16 2차원에서 본 여러 가지 격자면과 그의 면지수

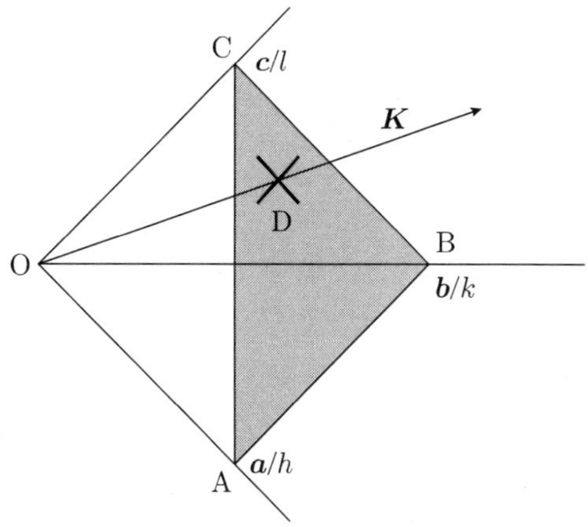

그림 2.17 격자면의 면간격. 원점에서 이 면으로의 수선 OD은 $\boldsymbol{K}$ 벡터와 일치한다.

보이는 것처럼, 원점 O로부터 원점에 가장 가까운 평면에 수선을 내렸을 때 교차하는 점을 D라고 한다. 이 평면은 a축, b축, c축과 점 A, B, C에서 교차한다고 한다. 이 수선의 길이 |OD|가 면 간격이다. 이렇게 되면,

$$\left.\begin{array}{r} \mathrm{OD}\perp\mathrm{AB} \\ \mathrm{OD}\perp\mathrm{BC} \\ \overrightarrow{\mathrm{OD}}//(\overrightarrow{\mathrm{AB}}\times\overrightarrow{\mathrm{BC}}) \end{array}\right\} \tag{2.41}$$

이고,

$$\overrightarrow{\mathrm{AB}}=\overrightarrow{\mathrm{OB}}-\overrightarrow{\mathrm{OA}}=\frac{\boldsymbol{b}}{k}-\frac{\boldsymbol{a}}{h} \tag{2.42}$$

$$\overrightarrow{\mathrm{BC}}=\overrightarrow{\mathrm{OC}}-\overrightarrow{\mathrm{OB}}=\frac{\boldsymbol{c}}{l}-\frac{\boldsymbol{b}}{k} \tag{2.43}$$

으로 나타낼 수 있기 때문에,

$$\begin{aligned} \overrightarrow{\mathrm{OD}}//\left(\frac{\boldsymbol{b}}{k}-\frac{\boldsymbol{a}}{h}\right)\times\left(\frac{\boldsymbol{c}}{l}-\frac{\boldsymbol{b}}{k}\right) &= \frac{\boldsymbol{b}\times\boldsymbol{c}}{kl}-\frac{\boldsymbol{a}\times\boldsymbol{c}}{hl}+\frac{\boldsymbol{a}\times\boldsymbol{b}}{hk} \\ &= \frac{V}{hkl}\left[\frac{h(\boldsymbol{b}\times\boldsymbol{c})}{V}+\frac{k(\boldsymbol{c}\times\boldsymbol{a})}{V}+\frac{l(\boldsymbol{a}\times\boldsymbol{b})}{V}\right] \\ &= \frac{V}{hkl}(h\boldsymbol{a}^*+k\boldsymbol{b}^*+l\boldsymbol{c}^*)=\frac{V}{hkl}\boldsymbol{K} \end{aligned} \tag{2.44}$$

가 되고, $\overrightarrow{\mathrm{OD}}$는 산란벡터 $\boldsymbol{K}$에 평행하다. 그런데, 그림 2.17에 보인 것처럼, $\overrightarrow{\mathrm{OA}}$는 $\boldsymbol{a}/h$이고, $\overrightarrow{\mathrm{OD}}$의 길이는 $\overrightarrow{\mathrm{OA}}$의 $\overrightarrow{\mathrm{OD}}$ 방향 성분이다. 바꿔 말하면, $\overrightarrow{\mathrm{OD}}$의 길이는 벡터 $\boldsymbol{a}/h$의 $\boldsymbol{K}$방향 성분이기 때문에,

$$|\overrightarrow{\mathrm{OD}}| = \frac{\boldsymbol{a}}{h} \cdot \frac{\boldsymbol{K}}{|\boldsymbol{K}|} = \frac{\boldsymbol{a} \cdot \boldsymbol{K}}{h} \frac{1}{|\boldsymbol{K}|} = \frac{1}{|\boldsymbol{K}|} \tag{2.45}$$

가 된다. 따라서, $\boldsymbol{K} = h\boldsymbol{a}^* + k\boldsymbol{b}^* + l\boldsymbol{c}^*$ 벡터는 격자면 (hkl)에 수직하고, 그 벡터의 길이는, (hkl)의 면 간격 d_{hkl}의 역수와 같다. 산란벡터가 큰 산란이 좁은 면 간격의 격자면에 대응하고 있다. 즉, 높은 각도의 산란강도를 모으면 분해능이 좋게 된다는 것을 의미하고 있다.

2.8 브라그 조건

그림 2.18에서 보는 것처럼, 격자면 (hkl)이 망면이 되어 X선을 산란한다고 생각하면 어떤 관계식이 유도되어질 것인가? 이 격자면(hkl)의 면 간격은 d_{hkl}이므로,

$$d_{hkl} = \frac{1}{|\boldsymbol{K}|} \tag{2.46}$$

으로 나타낼 수 있고, (2.13)식과 (2.14)식으로부터,

$$d_{hkl} = \frac{1}{|\boldsymbol{K}|} = \frac{\lambda}{|\boldsymbol{s} - \boldsymbol{s}_o|} = \frac{\lambda}{2\sin\theta} \tag{2.47}$$

$$2d_{hkl}\sin\theta = \lambda \tag{2.48}$$

이 된다. $d(hkl)$은 격자면이고, $d(h'k'l')$, $d(2h'2k'2l')$, $d(3h'3k'3l')$, $\cdots$ 라고 나타내는 대신에, $d(h'k'l')/n$이라 하면,

$$2d_{hkl}\sin\theta = n\lambda \tag{2.49}$$

로 되어, **브라그 조건**(Bragg condition)이 유도된다. 즉, 브라그 조건과 라우에 조건은 수학적으로는 완전히 같은 것이다. 수학적으로는 라우에 조건으로 설명하는 편이 엄밀한 것이지만, 수식만이 아니고 직관적인 이해도 필요하기 때문에, 교과서에서

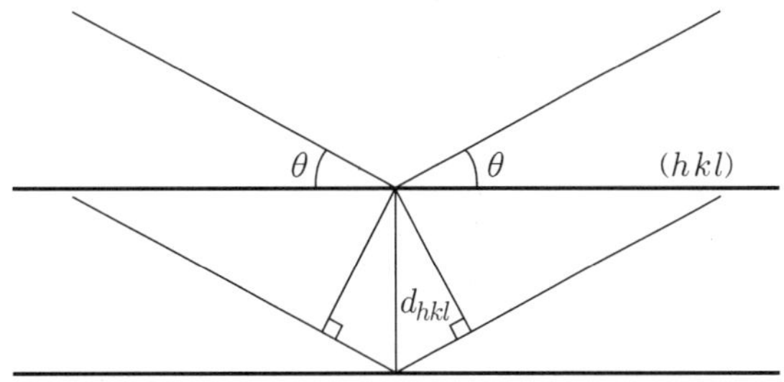

그림 2.18 브라그의 회절 조건. 격자면의 경면(거울면)처럼 X선을 반사하고 있다는 것으로부터 회절을 반사라고 부르게 되었으나, 이것은 가상적인 반사이고 실제는 반사하고 있는 것이 아니다.

브라그 조건이 정착한 것이다. 그러나, 왜 결정에서 X선이 띄엄띄엄 떨어진 방향으로 산란되는가에 대한 의문에는 브라그 조건이 직관적으로 이해하기 쉬우나, 어느 방향에 얼마만큼 강도의 X선이 산란될 것인지에 대해서는 브라그 조건은 설명하지 못하기 때문에, 결정구조해석을 목표로 하는 사람은, 여기서 전개한 라우에 조건을 이해하는 것이 꼭 필요하다.

2.9 회절 조건

라우에 조건에 의거하여 회절이 일어나는 조건을 조사해 보자. 먼저 산란벡터 $\boldsymbol{K}$는 X선의 입사벡터 $\boldsymbol{s}_o$와 산란벡터 $\boldsymbol{s}$로부터, (2.13)식처럼 $\boldsymbol{K}=(\boldsymbol{s}-\boldsymbol{s}_o)/\lambda$로 나타내어진다. 그래서 이 $\boldsymbol{K}$벡터가 결정에서 산란될 때는 연속이 아니고, (2.38)식으로 나타내어지는 것처럼, $\boldsymbol{K}=h\boldsymbol{a}^*+k\boldsymbol{b}^*+l\boldsymbol{c}^*$를 만족하는 방향에 한정된다. 이 2개의 식을 만족하기 위해서는 그림 2.19에서 보는 것처럼, 결정을 중심으로 한 반경 $(1/\lambda)$인 구를 그리고, 횡축의 왼쪽에서 X선이 입사하고, 입사벡터를 $\boldsymbol{s}_o/\lambda$라고 한다. 결정에서 산란하는 방향으로 구면상의 1점을 취하여, 그의 방향을 산란벡터 $\boldsymbol{s}/\lambda$라고 한다. 그렇게 하면, $\boldsymbol{K}$벡터는 (2.13)식으로 나타낼 수 있으나, 이 벡터의 시작점을 결정이 아닌, 입사벡터를 연장하여 구와 교차하는 점을 O라고 하면, O과 $\boldsymbol{s}/\lambda$ 벡터의 앞끝을 연결하는 벡터가 $\boldsymbol{K}$벡터가 된다. 이 $\boldsymbol{K}$벡터가 (2.38)식을 만족하는데는, O를 원점으로 한 역격자을 그리고, $\boldsymbol{K}$벡터가 이 역격자점의 어느 것과 일치한다고 생각

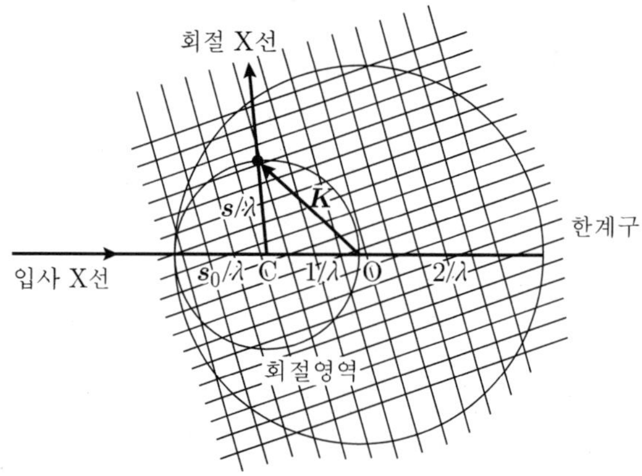

그림 2.19 에발트의 회절구와 회절조건

하면 된다. 즉, 이 역격자점의 어느 것이 구면상에 있을 때, 결정으로부터 그 점 방향(s/λ방향)으로 산란이 일어나고, 그 산란은 $\boldsymbol{K}$벡터가 갖는 hkl지수의 회절(혹은 반사)이라고 말한다. 이 구는 **회절구**(diffraction sphere) 혹은 **에발트구**(Ewald shpere)라고 부른다. 회절구상에 있는 역격자점은 한정된 약간의 점밖에 없지만, 결정을 회전하면 역격자점도 회전하기 때문에, 어딘가에서 회절구와 교차하게 되고, 그 점의 방향으로 결정으로부터 산란이 일어난다. O을 원점으로 하여, 반경이 $2/\lambda$인 구를 그리면, 이 구의 밖에 있는 역격자점은 회절구와는 절대 교차하지 않는다. 그 때문에 이 구를 **한계구**(limiting shpere)라 부른다. 그러나, 한계구 밖의 역격자점이 결코 산란을 일으키지 않는다는 의미는 아니다. X선의 파장 λ를 짧게 하면 $(2/\lambda)$도 커지게 되기 때문에, 한계구를 크게 할 수 있게 된다.

그림 2.19를 작도하면, 각각의 역격자점이 어떠한 조건에서 회절구와 교차하고, 어느 방향으로 X선이 산란될 것이지에 대한 번거러운 문제가 간단하게 구해진다[1]. 이 그림이 라우에 조건에 의한 X선의 회절조건이다. 각 격자점에 $F(\boldsymbol{K})$인 무게가 있다고 생각하고, 결정으로부터 그 역격자점 방향으로 향하여 $|F(\boldsymbol{K})|^2$에 비례하는 강도의 회절이 관측된다.

1) 결정을 일정한 속도로 회전하면, 역격자점은 그의 원점에서 먼 점일수록 회절구를 빨리 스치고 지나가게 되기 때문에, 회절강도를 보정해야 한다. 이것을 **로렌츠 인자**(Lorentz factor)라고 부른다.

2.10 푸리에 변환과 전자밀도

구조인자 $F(\boldsymbol{K})$는 단위포 내의 전자밀도 $\rho(\boldsymbol{r})$로부터 (2.30)식으로 얻어진다.

$$F(\boldsymbol{K}) = \int_V \rho(\boldsymbol{r})\exp\{2\pi i(\boldsymbol{r}\cdot\boldsymbol{K})\}dv_r$$

이 관계식은 수학적으로는 푸리에 변환이라고 말한다. 푸리에 변환의 법칙에 의하면, 어떤 함수가 푸리에 변환되면 수학적으로는 그의 역변환도 가능하다. 이 관계를 이용하여 (2.30)식을 역변환하면, 다음 식이 된다.

$$\rho(\boldsymbol{r}) = \frac{1}{V}\int_{V_K} F(\boldsymbol{K})\exp\{-2\pi i(\boldsymbol{K}\cdot\boldsymbol{r})\}dv_K \qquad (2.50)$$

여기서 V는 단위포의 체적이고, 적분은 역공간 전체에 걸쳐 행하게 된다. 그러나 앞 절에서 설명한 것처럼, 역공간 내에서 $\boldsymbol{K}$벡터는 모든 위치를 취하는 것이 불가능하고, 취할 수 있는 것은 역격자점뿐이다. 또 실공간의 벡터 $\boldsymbol{r}$을 분율좌표로 나타내면,

$$\left.\begin{aligned} \boldsymbol{K} &= h\boldsymbol{a}^* + k\boldsymbol{b}^* + l\boldsymbol{c}^* \\ \boldsymbol{r} &= x\boldsymbol{a} + y\boldsymbol{b} + z\boldsymbol{c} \end{aligned}\right\} \qquad (2.51)$$

가 되고, 그런즉,

$$\boldsymbol{K}\cdot\boldsymbol{r} = hx + ky + lz \qquad (2.52)$$

로 나타낼 수 있다. 또 역공간에서의 적분은 띄엄띄엄한 값이므로, 그의 값을 순서대로 합해 더하는 급수로 나타낼 수 있다. 따라서, (2.50)식은 단위포 내의 (x, y, z)점에서의 전자밀도를 나타내는 식이 되어,

$$\rho(x,y,z) = \frac{1}{V}\sum_{-\infty}^{\infty}\sum_{-\infty}^{\infty}\sum_{-\infty}^{\infty} F(hkl)\exp\{-2\pi i(hx+ky+lz)\} \qquad (2.53)$$

로 나타내어진다. 이 식으로부터, $F(hkl)$이 실험으로 구해지면, 푸리에 급수를 사용하여 단위포 내의 전자밀도를 계산할 수 있다. 전자밀도의 피크 위치에 원자핵이 존재하기 때문에, 이 식을 계산하면, 결정구조는 해석되어지는 것이다.

그러나 안타깝게도, 실험으로 구할 수 있는 것은 산란강도이고, 구조인자는 아니다. 산란강도와 구조인자 사이에는,

$$I(hkl) = |F(hkl)|^2 \tag{2.54}$$

의 관계가 있다. $F(hkl)$은 복소수이기 때문에 그림 2.20처럼 복소평면으로 나타내면,

$$F(hkl) = |F(hkl)|\exp\{i\varphi(hkl)\} \tag{2.55}$$

가 된다. $F(hkl)$을 얻기 위해서는, 산란강도로부터 구해지는 $|F(hkl)|$ 외에, 위상각 $\varphi(hkl)$이 필요하다. 이 위상각은 파의 진행을 나타내는 위상이 아니고, $F(hkl)$의 복소평면 내에서 가리키는 각도로서, $F(hkl)$을 실수 성분 $A(hkl)$과 허수 성분 $A(hkl)$라고 하면,

$$F(hkl) = A(hkl) + iB(hkl) \tag{2.56}$$

이 되지만, 이것은

$$\varphi(hkl) = \tan^{-1}\left\{\frac{B(hkl)}{A(hkl)}\right\} \tag{2.57}$$

이다. 통상의 회절실험에서는 $I(hkl)$이 측정 가능할 뿐이고, $\varphi(hkl)$은 측정 가능하지 않다. 따라서, (2.53)식을 써서 간단히 구조가 구해질 수 있다는 의미는 아니고,

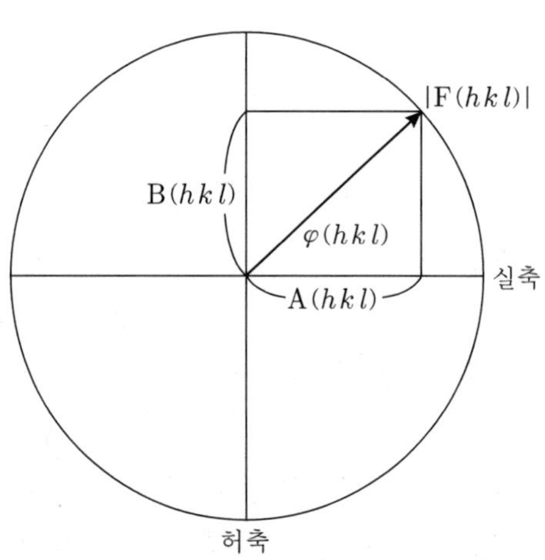

그림 2.20 구조인자와 그의 위상각

무언가의 수단으로 각 회절반점의 구조인자에 대한 $\varphi(hkl)$을 추정하지 않으면 안 되는 것이다. 이 문제를 위상문제라고 말하고, 현재도 완전한 해는 구해지지 않고 있다. 브라그 이래, 결정 연구자의 노력으로 몇 가지의 유력한 방법이 제안되어 왔다. 최근에는, 이것들의 방법을 조합하면 95 % 이상 해결된다고 말해도 된다. 그러나 100 %의 해법은 존재하지 않기 때문에, 아무것도 생각하지 않고 자동적으로 구조가 해결되는 일은 절대로 없다는 사실을 확실히 기억해 놓기 바란다.

2.11 원자의 열진동

원자의 전자밀도 $\rho(r)$은 결합하고 있는 방향에 따라 다르나, (2.21)식처럼 구대칭인 $\rho(r)$을 가정해도, 원자의 중심을 구하는 데는 그다지 큰 오차를 주지 않는다. 그러나 원자는 열진동하고 있기 때문에, 이 효과를 고려하지 않으면 안 된다. 그림 2.21(a)의 구대칭인 전자밀도를 갖는 원자가 등방적인 열운동을 하면, 이의 열운동 시간은 X선의 데이터를 측정하는 시간에 비해서 압도적으로 짧기 때문에, 전자밀도는 그림 2.21(b)처럼 피크는 낮아져 등방적으로 퍼져 보인다. 그래서, 그림 2.21(a)의 전자밀도 $\rho(r)$로 부터의 원자 산란인자 $f(\sin\theta/\lambda)$는 그림 2.22(a)가 되지만, 그림 2.21(b)의 전자밀도로부터의 원자 산란인자는 그림 2.22(b)처럼 낮은 각도 측에 집중하게 된다. 이 일은 높은 각도 측의 구조인자를 감소시키게 된다. 이 효과를 고려하면, 원자 산란인자를

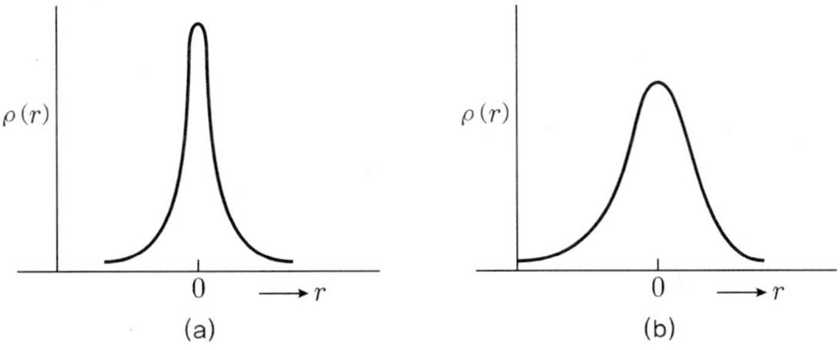

그림 2.21 원자의 전자밀도. (a) 정지하고 있는 원자의 전자밀도, (b) 열운동하고 있는 원자의 전자밀도

$$f\left(\frac{\sin\theta}{\lambda}\right) = f\left(\frac{\sin\theta}{\lambda}\right) \times T \tag{2.58}$$

이라고 나타낼 수 있고, 이 T를 **온도인자**(temperature(thermal) factor)라고 부른다. T는 등방적인 열진동을 하고 있어, 그의 평균제곱변위를 $< u^2 >$이라고 하면,

$$U = < u^2 > \tag{2.59}$$

$$T = \exp\left(\frac{-8\pi^2 U \sin^2\theta}{\lambda^2}\right) \tag{2.60}$$

이 된다. 이 U의 값을 **등방성 온도인자**(isotropic temperature(thermal) factor)라고 부른다. 종래, 등방성 온도인자 B라고 정의되어 왔으나,

$$B = 8\pi^2 U \tag{2.61}$$

의 관계에 있다. B를 사용하는 것은 식의 모양을 간단하게 하기 위해서이다.

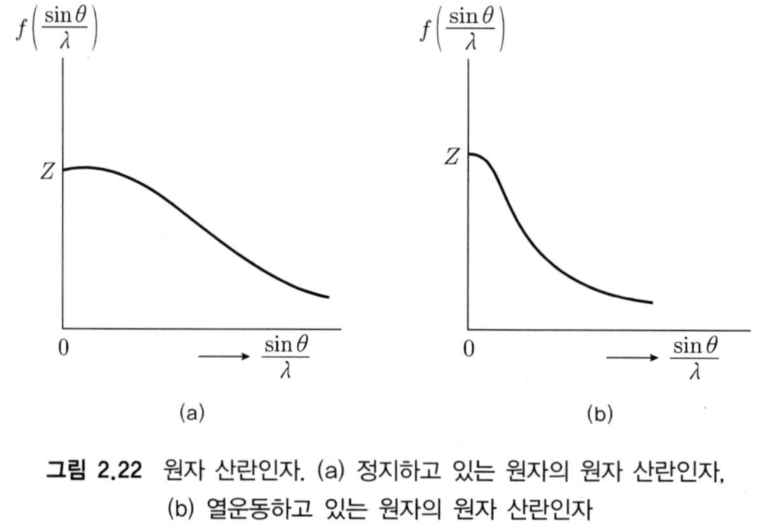

그림 2.22 원자 산란인자. (a) 정지하고 있는 원자의 원자 산란인자, (b) 열운동하고 있는 원자의 원자 산란인자

연습문제

그림과 같은 가상적인 1차원 주기구조를 갖는 물질의 구조해석을 해 보자. 이 경우는 간단하게 하기 위하여, 포함되어 있는 원자도 그 순서도 그림처럼 하고, Cu–N, N≡C, C–C의 거리를 구하는 것이다.

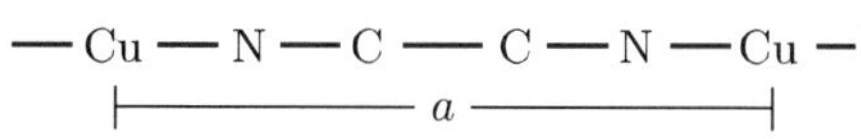

그림 1차원 모델 구리착제 $Cu(CN)_2$구조

[1] 이 1차원 구조로부터의 회절강도 $I(h)$와 그의 회절각 θ를 구리의 X선(CuK_α선: 파장 1.542 Å)을 사용하여 측정했다. 다음 표에 차수 h에서의 회절각과 회절강도로부터 구한 $F(h)$의 값이 기재되어 있다. $\sin\theta/\lambda$의 칸을 계산하라.

h	$F(h)$	θ	$\frac{\sin\theta}{\lambda}$
1	16.5	5.53	
2	19.5	11.12	
3	28.9	16.81	
4	24.4	22.67	
5	19.5	28.81	
6	10.2	35.33	
7	22.2	42.43	
8	13.9	50.44	
9	8.0	60.16	
10	13.2	74.53	

[2] 표로부터, 주기단위 a를 유효숫자 3자리로 구하라.

[3] 표에는 h가 10까지밖에 없으나, 이 실험으로 10 이상 구할 수 있을까?

[4] h의 최대값을 $h_{\max}$ 라고하면, $a/h_{\max}$ 가 가장 짧은 면 간격이다. 이 값을 분해능이라 부른다. 이 거리까지밖에 보이지 않는다는 의미는 아니지만, 해석 결과의 기준이 된다. 이 경우의 분해능은 몇 Å 인가?

[5] 분해능을 올리기 위해 어떻게 하면 좋은가?

[6] 이어서 전자밀도를 계산해 보자. 3차원에서는 (2.53)식이지만, 1차원에서는,

$$\rho(x) = \frac{1}{a}\sum F(h)\exp(-2\pi ihx)$$

가 된다. 여기서 합은 $h=-10$에서 $h=10$까지 취한다. 이 구조처럼 대칭심이 있으면, $F(\bar{h}) = F(h)$ 이므로,

$$\rho(x) = \frac{F(0)}{a} + \frac{2}{a}\sum F(h)\cos(2\pi hx)$$

가 되고, 합은 $h=1$부터 $h=10$까지이다.

이 식에서, $F(0)$는 단위포 중의 전체 전자수이다. $F(0)$를 구하라.

[7] $x=0.00$부터 0.50까지 0.05 간격으로 $\rho(0)$를 계산하라. 횡축을 x라하고, 종축을 $\rho(0)$라 하여, 1차원의 전자밀도도를 그려라.

[8] $\rho(0)$의 피크에 원자가 있다. 이 그래프로부터, N과 C의 좌표 x_N, x_C를 0.01의 정밀도로 구하라. $\rho(x)$를 0.01 간격으로 계산하면 명료해지지만, 원점에 중원자가 있기 때문에, 급수 짤림의 효과로, $x=0.1$ 근방과 $x=0.2$ 근방에 거짓 피크가 나타나 N원자와 C원자의 위치가 조금 보기 어렵게 된다.

[9] Cu–N, N≡C, C–C의 거리를 구하라.

[10] 이상에서 구조해석은 끝났으나, 얻어진 결과가 확실하게 실험값과 일치하는지를 확인할 필요가 있다. 그를 위하여, 얻어진 좌표로부터 구조인자 $F_c(h)$를 계산하여, 그 결과가 실측한 구조인자 $F_o(h)$와 일치해야 한다. 1차원에서는

$$F(h) = \sum_{j=1}^{n} f_j\left(\frac{\sin\theta}{\lambda}\right)\exp(2\pi ihx_j)$$

이므로,

$$F_c(h) = f_{cu}\left(\frac{\sin\theta}{\lambda}\right) + 2f_N\left(\frac{\sin\theta}{\lambda}\right)\cos(2\pi h x_N) + 2f_c\left(\frac{\sin\theta}{\lambda}\right)\cos(2\pi h x_c)$$

가 된다.

이 식에서 $f_{cu}(\sin\theta/\lambda)$, $f_N(\sin\theta/\lambda)$, $f_c(\sin\theta/\lambda)$의 값은 다음 표의 값을 사용한다.

$\frac{\sin\theta}{\lambda}$	0.00	0.05	0.10	0.15	0.20	0.25	0.30	0.35	0.40	0.50	0.60	0.70
f_{cu}	29.00	28.31	26.54	24.33	22.21	20.38	18.76	17.30	15.98	13.82	12.07	10.66
f_N	7.00	6.78	6.20	5.42	4.60	3.86	3.24	2.76	2.40	1.94	1.70	1.55
f_c	6.00	5.76	5.13	4.36	3.58	2.98	2.50	2.17	1.95	1.69	1.54	1.43

이 표에서, $F(1)$, $F(2)$, ⋯, $F(10)$의 $\sin\theta/\lambda$에 대해서, $f_{cu}(\sin\theta/\lambda)$, $f_N(\sin\theta/\lambda)$, $f_c(\sin\theta/\lambda)$를 내삽하여 구하라.

[11] $F_c(1)$, $F_c(2)$, $F_c(3)$, ⋯, $F_c(10)$을 계산하라.

[12] 다음 식의 R값을 계산하라.

$$R = \frac{\sum|F_o(h) - F_c(h)|}{\sum|F_o(h)|}$$

R값이 0.10 이하이면 해석은 성공한 것이다.

이것으로 해석은 종료했기 때문에, 나머지는 최소 자승법으로 정밀화하면 된다. 이것은 계산량이 막대하기 때문에, 손으로 계산하는 것은 무리다. 3차원의 구조해석에서도, 구조인자가 5천에서 1만 정도로, $\rho(x,y,z)$를 계산하는 점이 3만에서 10만 점 정도에 달하는 것을 제외하면 본질적으로는 동일하다. 단 $I(h)$로부터 갑자기 $F(h)$가 구해졌다는 것이 다르다. 그 이유는, 원점에 중원자가 있기 때문에, $F(h)$가 모두 양(+)인 값이 되었기 때문이다. 대칭심이 있는 구조에서는 $F(h)$가 양(+)인지 음(−)인지 하는 것이 위상문제이고, 이 예에서는 위상문제가 처음부터 해결되어 있다.

3장 결정의 대칭

결정의 대칭성에 대해 이해하기 어렵다고 생각되어지고 있으나, 수학적으로는 명쾌하며, 대칭성을 이용하면 구조해석이 매우 간단해진다. 극단의 경우에는, 1개 원자의 좌표가 정해지면, 대칭성을 이용하여 96개 원자의 좌표를 결정하는 것이 가능하다. 또, 해석 결과를 보고한 논문에서는, 대칭으로 관계가 맺어 있지 않은 독립 원자의 좌표와 대칭성만이 보고되기 때문에, 이의 대칭성으로부터 단위포 내의 모든 원자의 좌표를 유도해 내지 않으면 안 된다.

3.1 결정격자와 격자점

물질을 천천히 냉각하든지, 용매 중에 녹여서 서서히 용해도를 내리면, 3차원의 주기구조를 갖는 결정이 석출한다. 그림 3.1에서 보는 것처럼, 주기적으로 배열한 물질의 같은 점을 연결한 선은 등간격의 격자를 만든다. 이 점을 **격자점**(lattice point)이라고 말하고, 이 격자점이 만드는 격자를 **결정격자**(crystal lattice)라고 말한다. 이 결정격자의 주기단위가 **단위격자**(unit lattice)이다. 격자점은 단위격자의 정점에 있다. 그림 3.1에서 보는 것처럼, 격자점을 취하는 법은 주기적으로 배열한 물질에

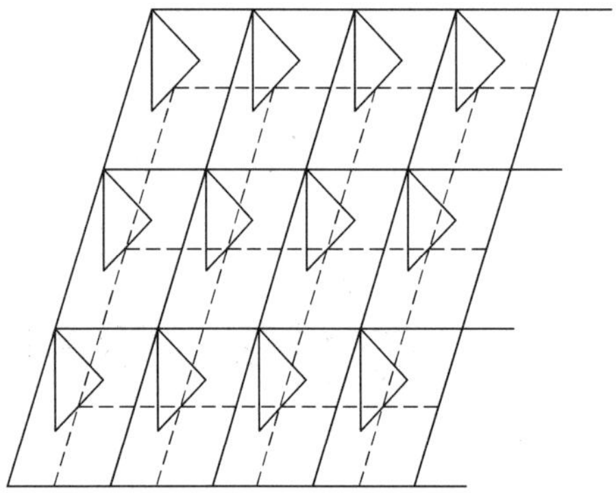

그림 3.1 결정격자와 격자점

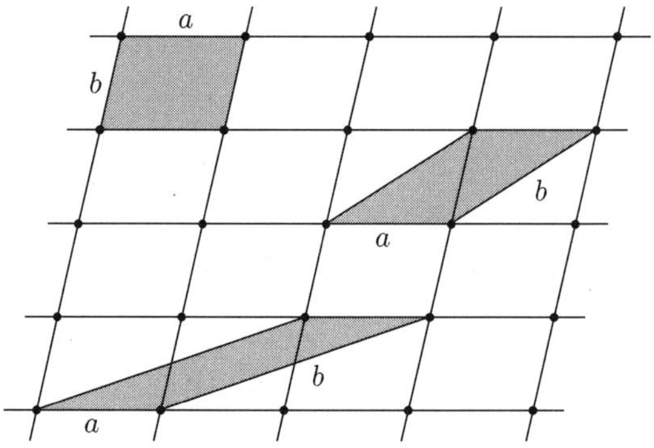

그림 3.2 결정격자의 선택방법

대해서 같은 위치라면, 물질 내든, 물질 외든 어디라도 괜찮다. 그러나 실선의 격자이든, 파선이든 단위격자는 동일하다. 단위격자는 격자점으로 이루어지는 다면체이고, 격자의 내용물은 고려하지 않지만, 단위포는 물체가 꽉찬 주기단위를 나타내고 있다. 따라서, 겉모양이 동일하더라도, 단위격자와 단위포는 다른 개념이다. 그런데, 격자점이 정해져도, 격자를 취하는 방법에는 그림 3.2에서처럼 여러 가지가 있다. 그러나 체적은 어느 것이라도 동일하고, 각각 격자점을 1개만 갖고 있다. 뒤에서 보게 되겠지만, 격자는 결정의 대칭요소에 맞추어 취하는 것이 좋다.

3.2 대칭요소

물체에 어떤 조작을 행한 결과가 원래의 상태와 분간할 수 없게 되었을 때, 동위했다고 말하고, 이 조작을 **대칭조작**(symmetry operation)이라 말한다. 이러한 대칭조작 중, 자주 볼 수 있는 것이 **회전조작**(rotation)이다. 회전조작의 정의는, 물체를 어떤 축 주위로 $2\pi/p$ 래디안씩 회전시켜서, 1회전 사이에 p회 동위했을 때, $2\pi/p$의 회전을 p회 회전조작이라고 말하고, 이 축을 ***p*****회회전축**(p-fold rotation axis)이라고 말한다. 그래서 이 p회회전축을 **대칭요소**(symmetry element)라고 말한다. 예를 들어, 그림 3.3(a)에서 보는 그림은 중앙 축의 주위로 90° 회전해도 완전히 동일한 그림이므로, 회전하기 전의 그림과 구별이 불가능하다. 이러한 회전대칭은, $360° \div 90° = 4$이므로, 4회회전축이라 부른다. 회전축을 나타내는 그림은 매회 그림 3.3(a)처럼 그

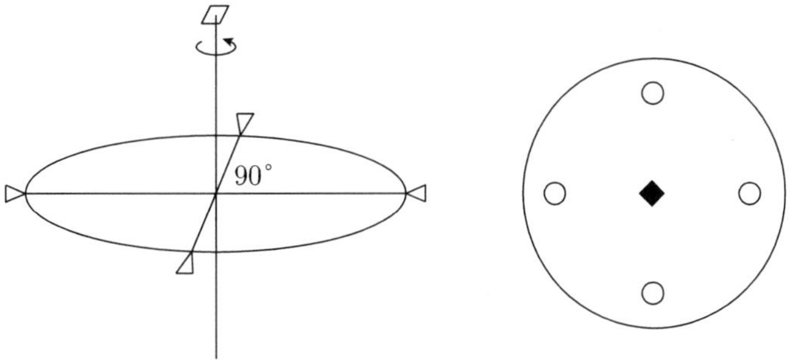

(a) (b)

그림 3.3 4회회전축(a)과 그의 표기법(b)

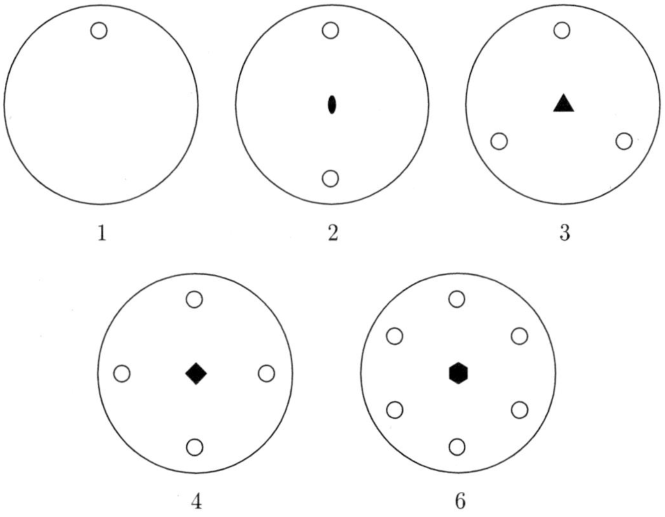

그림 3.4 5종의 회전축 표기법

리는 것은 복잡하기 때문에, 그림 3.3(b)처럼 원을 그리고, 원의 중앙점을 지나서 원을 포함하는 평면에 수직으로 회전축을 잡는다. 물체를 백색 동그라미로 그렸으나, 백색 동그라미는 원을 포함하는 평면보다 위에 있다고 정의한다. 결정의 주기구조를 만족하는 회전축은, 그림 3.4에서 보이는 1회, 2회, 3회, 4회, 6회회전축의 5종밖에 없다. 원의 중심의 기호는 각각의 회전축을 나타내고 있다.

어떻게 5종의 회전축만이 주기구조를 만족하는지를 설명해 보자. 그림 3.5에 회전축이 지면에 수직하게 주기적으로 배열되어 있다. A의 회전축에서 회전축A'을 α

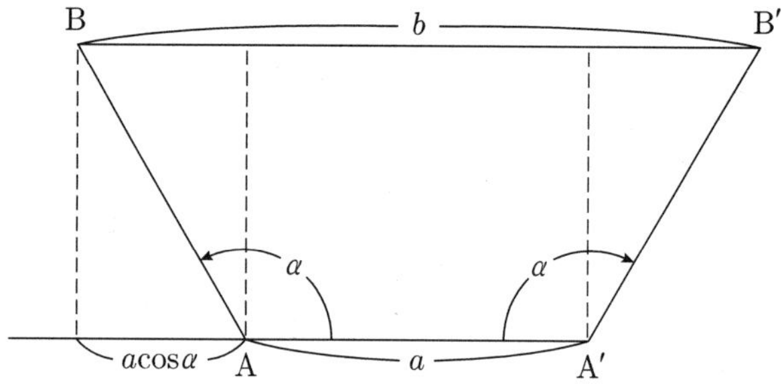

그림 3.5 주기구조를 만족하는 회전축

표 3.1 5종의 대칭과 회전 각도

n	−1	0	1	2	3
$\cos\alpha$	1	$\frac{1}{2}$	0	$-\frac{1}{2}$	−1
α	0°	60°	90°	120°	180°
p	1	6	4	3	2

래디안 회전하여 회전축 B와 일치한다고 하자. 같은 방법으로 A'의 회전축에서 A를 α래디안 회전하여 B'으로 일치한고 하자. A−A'의 거리를 a라고 하고, B−B'의 거리를 b라고 하자. 그렇게 하면, B−B'은 주기단위 a의 정수(n)배가 되기 때문에,

$$b = a - 2a\cos\alpha = n\alpha \tag{3.1}$$

로 나타내어진다. 그 결과,

$$1 - 2\cos\alpha = n \tag{3.2}$$

가 된다. n은 정수이고, $\cos\alpha$는 −1부터 +1까지의 값을 갖기 때문에, n은 −1부터 +3까지의 값이 된다. 각각의 n값에 대해서 α의 각도와 회전축을 구하면, 표 3.1과 같이 된다. 그 결과로부터, 회전축은 5종밖에 없다는 것이 증명되었다.

회전축과 아주 비슷한 대칭요소로서 **회반축**(inversion−rotation axis)이 있다. 회반축은 $2\pi/p$래디안 회전함과 동시에, 회전축상의 1점에 관해서 반전하는 조작을 나타내고, 이 반전을 시키는 기준점을 **회반심**(inversion−rotation center)이라 부른다. 5종의, 회전축에 대응하여, 그림 3.6에서 보는 것처럼 5종의 회반축이 있다.

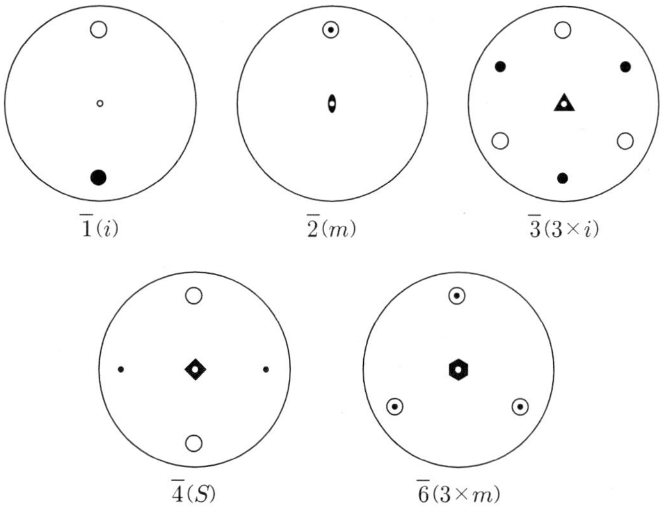

그림 3.6 5종의 회전축

회전축과 마찬가지로 지면 내에 원을 그려, 중심에 회반축의 기호를 그린다. 원을 포함하는 평면의 위에 있는 물체를 백색 동그라미, 그 평면의 밑에 있는 물체를 흑색 동그라미로 나타낸다. 백색 동그라미와 흑색 동그라미가 겹치면 보이지 않게 되기 때문에, 백색 동그라미를 흑색 동그라미보다 크게 그린다. 회반축의 기호는 $\bar{1}$, $\bar{2}$, $\bar{3}$, $\bar{4}$, $\bar{6}$이라 나타낸다. $\bar{1}$은 대칭심으로 i라고도 나타낸다. $\bar{2}$는 경면 m과 같은 것이다. $\bar{3}$는 3회회전축과 대칭심을 조합한 $3\times i$와 같아, 독립인 대칭요소는 아니다. $\bar{4}$는 S라고도 나타낸다. $\bar{6}$는 3회회전축과 경면을 조합한 $3\times m$과 같은 것이다.

이 결과, 독립인 대칭요소로서, 5종의 회전축 이외에 3종의 회반축이 있다. 원의 중심에 각각의 회반축의 기호가 나타내어져 있다.

3.3 결정의 점군

대칭요소로서, 회전축 5종과 회반축 3종으로 8종이 있으나, 이 대칭요소를 1점 주위로 조합시키는 것이 가능하다. 앞 절에서, 회반축 $\bar{3}$은 3과 i의 조합, $\bar{6}$는 3과 m의 조합이라고 생각하는 것과 같은 것이다. 이때 중요한 것은, 대칭요소가 조합된 결과, 대칭으로 관계 맺어진 물체는 유한하여, 무한으로 나타나지 않는다. 이것을 수학적으로는 군을 만든다고 말한다. 예를 들어 경면 m을 2매 조합시킬 때, 그림 3.7처럼 서로 90°, 60°, 30°에서 교차할 때는 대칭으로 나타나는 물체는 4개, 6개, 12개로 한정되지만, 이러한 각도와 다를 때는 경면에서 나타나는 물체는 무수하게 나타난다. 따라서, 경면의 조합은 이들 3가지 각도가 아니면 안 된다. 다음에, 2개의 대칭요소의 조합에서 자동적으로 3번째 대칭이 나타나는 경우도 있다. 예를 들어 그림 3.8에서 보는 것처럼, 4회회전축과 그것을 포함하는 경면을 조합하여 보자. 4회회전축의 대칭에서는 90° 회전하면 동일한 것이 존재하기 때문에, 경면도 90°에서 교차하는 2매가 존재한다. 4회회전축의 대칭조작으로 물체 A가 90° 회전하여 4개 나타난다. A가 2매의 경면에서 투영되어, 4개의 B가 나타난다. 그런즉, A와 B는 파선으로 표시되어지는 경면으로 투영된 관계가 된다. 즉, 파선의 경면이 2매 합해 더해지게 된다.

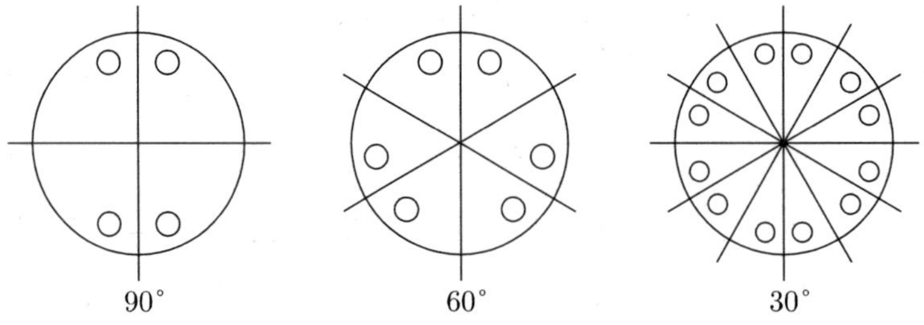

그림 3.7 경면대칭의 조합

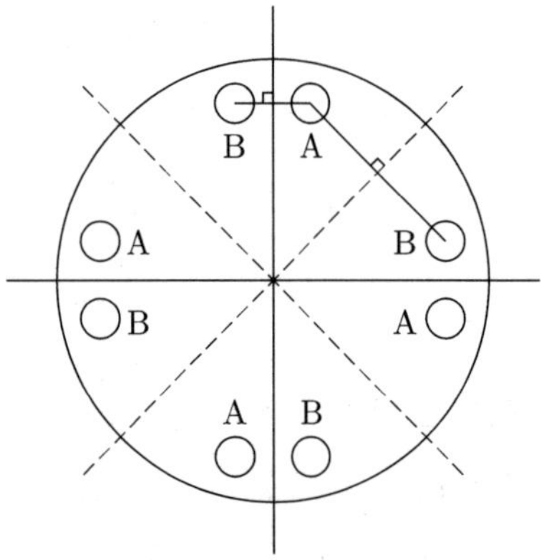

그림 3.8 4회회전축과 그것을 포함하는 경면의 조합

이러한 조합을 8종의 대칭요소에 대해 1점의 주위로 조합시키면, 모두 32가지의 조합이 가능하다. 이것을, 1점 주위로 대칭이 군을 만드는 조합이라는 의미로, **점군**(point group)이라 말한다. 이 중에는 물론 5종의 회전축과 5종의 회반축뿐인 대칭도 포함되어 있다.

이 32가지 점군의 표기법은 2종류가 있다. **쉔프리스 기호**(Schönflies symbol)와 **헤르만-모간 기호**(Hermann-Mauguin symbol)이다. 분광학에서는 분자가 임의의 방위를 갖고 있기 때문에, 대칭은 점군 대칭밖에 나타나지 않는다. 그래서 전통적으로 쉔프리스 기호를 사용하고 있다. 그러나 결정학에서는, 결정의 격자점에 이 점군 대칭을 조합시킬 필요가 있기 때문에, 결정격자의 대칭과의 조합을 고려할 필요가 있다. 그 때문에 결정격자의 대칭과의 조합을 고려한 기호로서 고안된 헤르만-모간의 기호를 사용하고 있다.

표 3.2 32종의 점군 대칭과 그의 표기법 : 헤르만-모간(H-M)과 쉔프리스(S)법

H-M	S	H-M	S
1	C_1	$\bar{3}$	C_{3i}
$\bar{1}$	C_i	32	D_3
2	C_2	$3m$	C_{3v}
m	C_s	$\bar{3}m$	$D_{3\alpha}$
$2/m$	C_{2h}	6	C_6
222	D_2	$\bar{6}$	D_{3h}
$mm2$	C_{2v}	$6/m$	C_{6h}
mmm	D_{2k}	622	D_6
4	C_4	$6mm$	C_{6v}
$\bar{4}$	S_4	$\bar{6}m2$	D_{3h}
$4/m$	C_{4k}	$6/mmm$	D_{6h}
422	D_4	23	T
$4mm$	C_{4v}	$\bar{m}3$	T_h
$\bar{4}2m$	$D_{2\alpha}$	432	O
$4/mmm$	D_{4k}	$\bar{4}3m$	T_α
3	C_3	$m\bar{3}m$	O_h

헤르만-모간 기호의 표기법에는 다음과 같은 약속이 있다.

(1) 최고위의 회전축(p)이나 회반축($\overline{p}$)을 주축으로 한다[2].

(2) 주축에 수직한 경면은, p/m이나 $\overline{p}/m$이라 한다.

(3) 주축을 갖는 경면은, $pm, \overline{p}m, pmm$이라 한다. pmm의 뒤의 m은 앞의 4회축의 것과 같이, 자동적으로 나타난 경면이다.

(4) 대칭이 높을 때에는 간략한 기호를 사용한다. 예를 들어 4회축과 3회축과 2회축을 조합한 입체각을 나타내는 점군 $4\overline{3}2$는, 4회축에 수직하게 경면 $4/m$, 3회회반축 $\overline{3}$, 2회축에 수직하게 경면 $2/m$이 최고의 대칭이 되어, $4/m\overline{3}2/m$이라고 적어야 하지만, 간략하게 $m\overline{3}m$으로 한다.

표 3.2에, 32가지 점군의 쉔프리스 기호와 헤르만-모간 기호를 정리하였다. X선이 등장하기 이전에 결정면의 대칭은 32가지가 있어, 32정족이라 불리어 왔다. 결정면은 격자면의 일부로서, 결정격자의 대칭이 나타나기 때문에, 결정면의 대칭이 점군 대칭과 똑같아진다는 것은 당연한 결과이었다.

3.4 7개의 정계

결정의 단위포를 나타내는 파라메터는 그림 3.9에 보인 것처럼, a, b, c 3축의 길이와, b축과 c축 사이의 각도 α, c축과 a축 사이의 각도 β, a축과 b축 사이의 각도 γ인 6개의 파라메터로 나타내어진다. 이 단위포의 대칭은, 5종의 회전축 대칭에 대응하여 7개의 정계로 나누어진다. 그림 3.10에 7개의 정계를 보인다. 대칭요소로서 1 또는 $\overline{1}(i)$밖에 갖지 않는 것이 삼사정계이다. 이어서 2 또는 $\overline{2}(m)$을 1축 방향에 갖는 단사정계가 있다. 통상 2 혹은 $\overline{2}(m)$의 축은 전통적으로 b축에 잡는다. 단위포를 나타내는 파라메터 중, α와 γ는 90°라는 점이 삼사정계와 다르다. 2 또는 $\overline{2}(m)$를 3축 방향에 갖으면 사방정계[3]가 된다. α, β, γ는 모두 90°가 된다. 4 또는 $\overline{4}(S)$가

---

2) 이후, p회회전축과 p회회반축에 공통하여 말할 수 있을 때는 p회축으로 표시한다.

3) 이 용어는 혼동하기 쉽기 때문에, 직방정계라고 하는 것이 이해하기 쉽다.

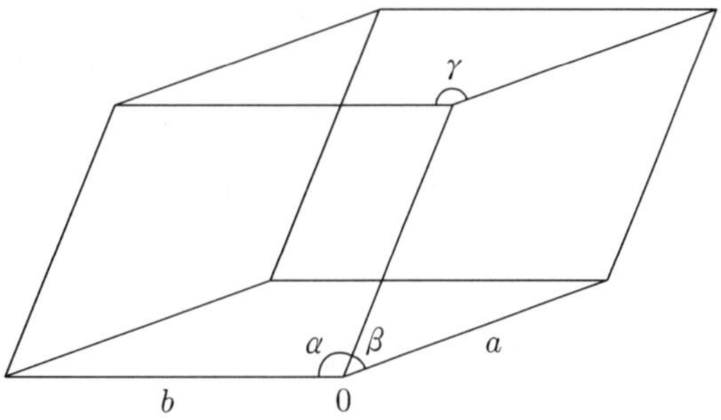

그림 3.9 단위포를 나타내는 파라메터

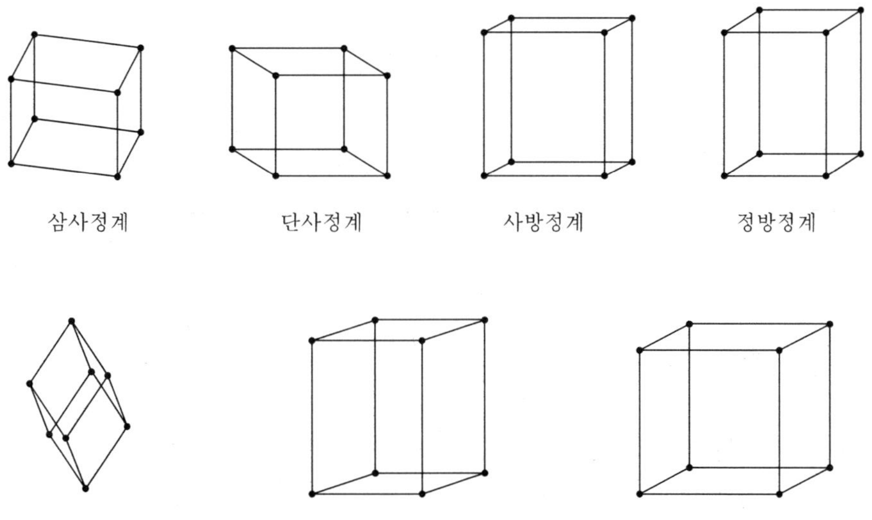

그림 3.10 7가지 정계의 단위포

1축 방향에 있으면 정방정계가 된다. 대칭축은 c축에 잡는다. 단위포의 파라메터는 a와 c가 된다. 3 또는 $\bar{3}$가 1축 방향에 있으면 삼방 또는 능면체정계가 된다. 이 경우는 입방체를 체대각 방향으로 잡아 늘이든지, 압축한 모양이 된다. 이 경우의 단위포를 나타내는 파라메터는 a와 축 사이의 각도 α이다. 이 단위포를 육방정계와 동일하게 잡는 경우가 많다. 6 또는 $\bar{6}$가 1축 방향에 있으면 육방정계가 된다. 대칭축은 c축에 잡는다. 단위포의 파라메터는 a와 c가 된다. 4와 3을 가지면 입방정계가 된다. 단위포의 파라메터는 a뿐이다. 각각 단위포의 파라메터를 표 3.3에 정리하였다.

표 3.3 7가지 정계의 단위포 특징과 대칭

정계	단위포의 모양	단위포의 대칭
삼사	$a \neq b \neq c$, $\alpha \neq \beta \neq \gamma \neq 90^\circ$ $(c < a < b)$	$\bar{1}$
단사	$a \neq b \neq c$, $\alpha = \gamma = 90^\circ$, $\beta \neq 90^\circ$ $(c < a,\ b \geqq 90^\circ)$	$2/m$
사방	$a \neq b \neq c$, $\alpha = \beta = \gamma = 90^\circ$ $(c < a < b)$	$2/m\,2/m\,2/m$
정방	$a = b \neq c$, $\alpha = \beta = \gamma = 90^\circ$	$4/m\,2/m\,2/m$
삼방(능면체) (육방)	$a = b = c$, $\alpha = \beta = \gamma \neq 90^\circ$ $a = b \neq c$, $\alpha = \beta = 90^\circ$, $\gamma = 120^\circ$	$3\,2/m\,l$ $3\,2/m\,l$
육방	$a = b \neq c$, $\alpha = \beta = 90^\circ$, $\gamma = 120^\circ$	$6/m\,2/m\,2/m$
입방	$a = b = c$, $\alpha = \beta = \gamma = 90^\circ$	$4/m\,\bar{3}\,2/m$

3.5 공간격자

단위포를 취하는 방법으로 앞 절의 7개 정계에 맞추어 잡으면 되지만, 실제로는 간단하지 않은 경우도 있다. 예를 들어 그림 3.11에 보인 것처럼 물체가 배열하면, 배열의 주기성으로부터 생각하면 파선과 같은 단위포가 되지만, 7개의 정계의 대칭성과는 다르게 된다. 이러한 경우에 정계의 대칭성에 맞춘 단위포를 취하면, 실선과 같은 단위포가 된다. 그 결과, 주기성을 나타내는 격자점이 단위포의 정점뿐만 아니고, 측면의 중심에도 배치하게 된다. 이러한 격자를 **복합격자**(complex lattice)라고 말한다. 단위포의 정점에만 격자점을 갖는 격자를 **단순격자**(primitive lattice; P)라고 부른다. 복합격자로서는, 그림 3.12에 보이는 것처럼, A, B, C 의 각 저면(밑면)의 중심에 격자점을 갖는 A, B, C 저심격자, 단위격자의 정중앙에 격자점을 갖는 체심격자(I), 모든 면의 중심에 격자점을 갖는 면심격자(F)가 있다. 그러나, 모든 정계의 격자에 이 5종류의 복합격자가 존재하지는 않는다. 예를 들어 삼사정계는 단지 대칭심이 있는지 없는지 뿐이고, 격자축은 임의의 방향을 취해도 되기 때문에,

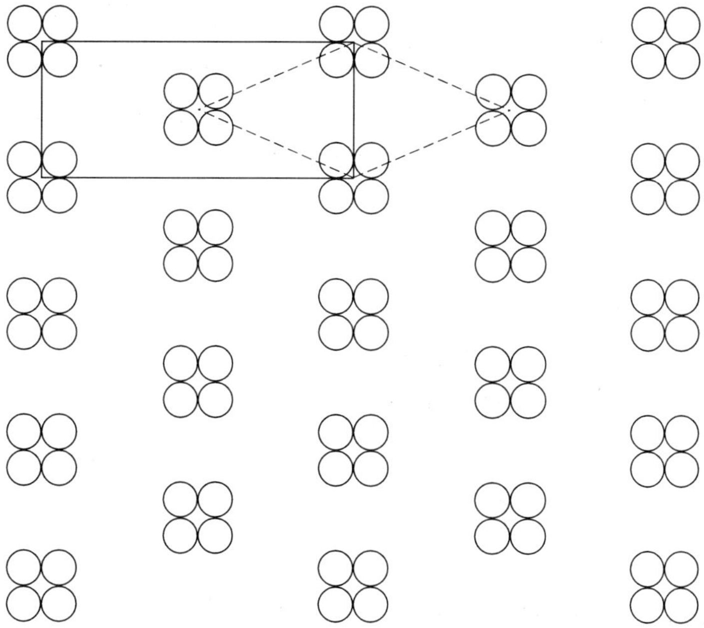

그림 3.11 대칭요소에 맞는 단위포의 선택방법

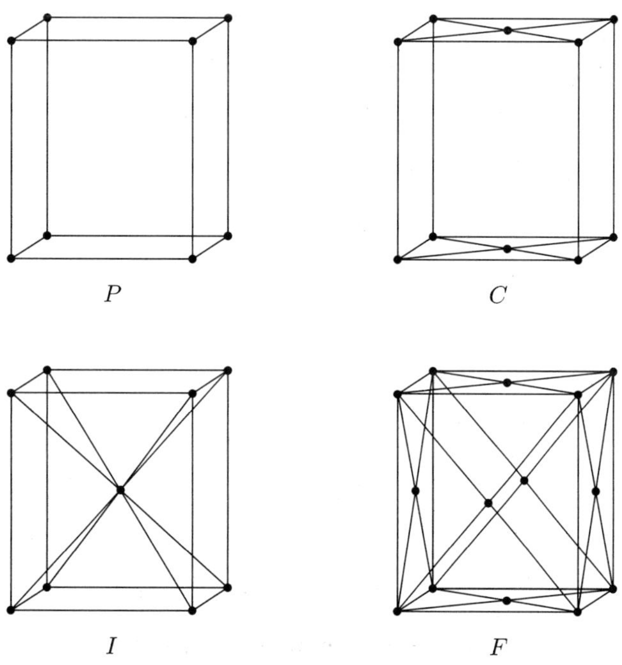

그림 3.12 단순격자(P)와 복합격자(C, I, F)

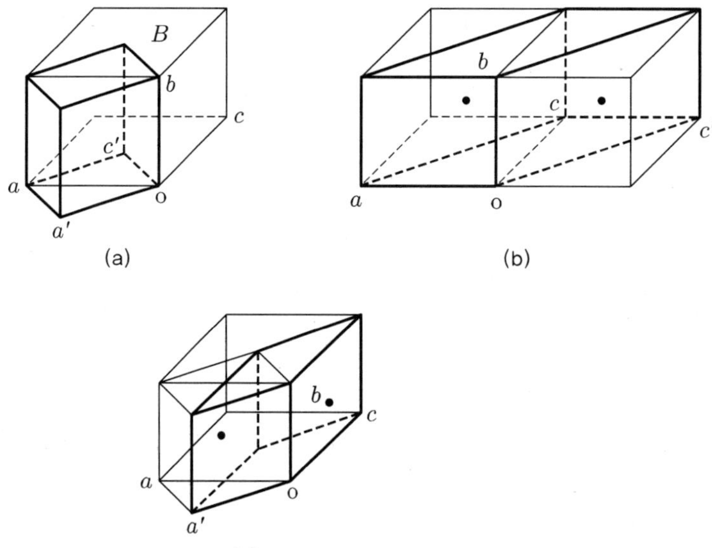

그림 3.13 단사정계의 격자 변환. (a) B저심격자에서 단순격자로, (b) 체심격자에서 A저심격자로, (c) 면심격자에서 A저심격자로

복합격자를 취할 필요가 없다. 단사정계에서는 A면이나 C면의 중심에 격자점을 가지면 복합격자를 취하게 되지만, B면의 중심에 격자점을 취할 필요는 없고, 그림 3.13(a)처럼 단순격자로 취해도, b축의 대칭은 잃지 않는다. 또 체심격자의 경우도 b축은 바꾸지 않고, c축을 대각 방향으로 고쳐 취하면, 그림 3.13(b) 럼 C저심격자가 된다. 면심격자의 경우도 c축을 대각 방향으로 고쳐 취하면, 그림 3.13(c)처럼 C저심격자가 된다. a축과 c축을 바꿔 취하면, A저심격자는 C저심격자가 되기 때문에, 단사정계에서는 복합격자로서는 C저심격자만을 고려하면 된다.

사방정계의 경우는 3축 방향에 대칭이 있기 때문에, 축을 바꿔서 A와 B저심격자를 C저심격자로 만드는 것은 가능하지만, 대각 방향으로 취하면 직교축이 없어지기 때문에 체심격자와 면심격자는 남게 된다. 따라서, P, C, I, F의 격자가 가능하다. 이런 방법으로 7개의 정계에 대하여 각각 고려하면, 그림 3.10과 같이 7개의 단순격자 외에 7종의 복합격자가 가능하게 되고, 그림 3.14에 보이는 것처럼, 합계 14종의 격자가 존재한다. 이 격자를 **공간격자**(space lattice) 또는 **브라베격자**(Bravais lattice)라 부른다.

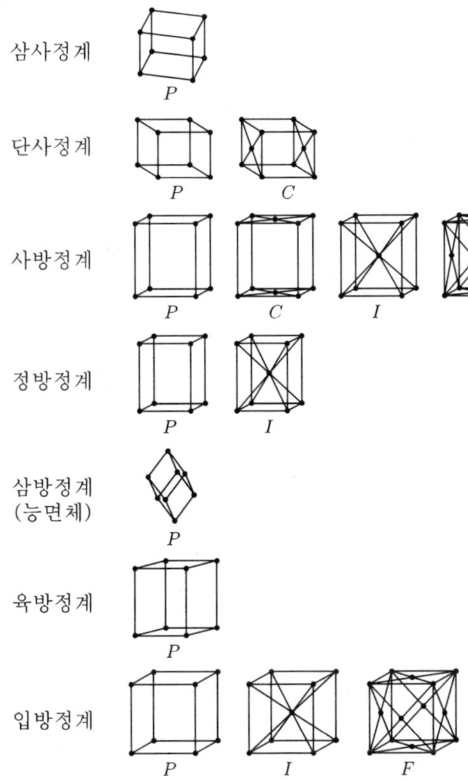

그림 3.14 14종의 공간(브라베)격자

3.6 점공간군

공간격자로서는 14종이 있고, 이 공간격자의 격자점이, 각각 점군 대칭를 만족하면, 단위포의 대칭으로서의 공간을 나타내는 군이 만들어진다. 예를 들어 사방정계에서 생각하면, 점군 대칭으로서는 222, $mm2$, mmm이 있다. 그중의 222에 대해서는, P, C, I, F의 모든 공간격자가 만족하기 때문에, $P222$, $C222$, $I222$, $F222$가 조합으로서 가능하다. 마찬가지로 $mm2$나 mmm에 대해서도 구할 수 있다. 이 조합의 수단을 32가지의 점군 대칭과 14종의 공간격자에 대해서도 생각하면, 73종의 조합이 가능하고, 이것을 **점공간군**(point space group)이라 부른다. 이것으로 해결되면 간단하지만, 결정은 주기구조이기 때문에, 대칭은 1점 주위에서 완결하지 않아도 된다. 이 조건을 가미하면 약간 복잡하게 된다.

3.7 나선축과 영진면

주기구조를 갖는 결정격자의 경우는, 1점 주위의 대칭요소의 정의를 조금 변형하지 않으면 안 되게 된다. 왜냐면, 대칭조작을 반복하여 원래의 위치로 돌아가는 것뿐 아니라, 1주기 또는 여러 주기 떨어져 있는 다른 격자점의 위치에서 똑같은 위치로 돌아와도, 완전히 똑같은 상태가 되어 구별할 수 없기 때문이다. 예를 들어 2회회전축에 대해서 생각해 보자. 그림 3.15(a)에서 보는 것처럼, 2회회전축은 180° 회전한 위치와 원래의 위치와의 2개의 위치에 있으나, 그림 3.15(b)처럼, 180° 회전하여 회전축 방향에 반주기 병진하는 조작을 새로운 대칭조작이라 하면, 이 조작을 다시 한 번 반복하면, 원래의 위치가 아닌, 1주기회전축 방향으로 병진한 격자점의 똑같은 위치로 옮기게 된다. 원래의 위치에는 1주기 전의 격자점으로부터 옮겨져 오기 때문에, 격자구조를 만족하고 있다. 이 대칭을 **2회나선축**(2-fold screw axis)이라고 말하고, 2_1이라 적는다.

3회회전축의 경우는, 120° 회전하여 회전축 방향으로 1/3주기 병진하는 조작이 3회나선축이 된다. 이 경우, 그림 3.16에서 보는 것처럼 우회전의 나선과 좌회전의 나선이 있기 때문에, 3_1과 3_2라고 하여 구별한다.

4회회전축의 경우는, 90° 회전하여 회전축 방향으로 1/4주기 병진하는 조작과 2/4주기 병진하는 조작 2개가 있다. 1/4주기 병진 조작에 4_1과 4_3이 있고, 4_1이 우회

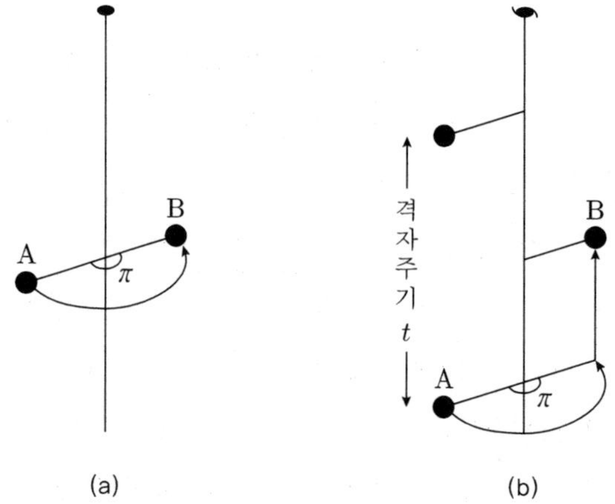

그림 3.15 회전축과 나선축. (a) 2회회전축과 (b) 2회나선축 대칭

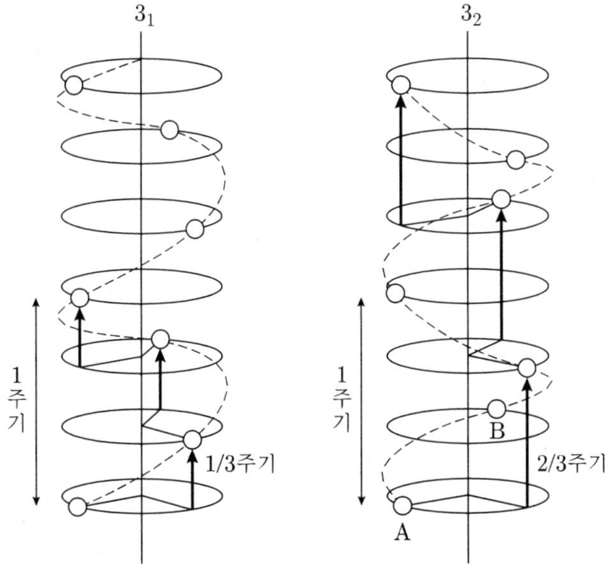

그림 3.16 3회나선축 대칭. 3_1과 3_2는 나선의 회전이 반대이다.

전 나선이고 4_3이 좌회전 나선이다. 4_2 나선은 약간 복잡하여, 그림 3.17에 보이는 것처럼, 90° 회전하여 4회축 방향으로 반주기 병진하고, 다시 90° 회전하여 반주기 병진하고, 다시 90° 회전하여 반주기 병진하고, 다시 한 번 90° 회전하여 반주기 병진하면, 2주기 앞의 격자점의 똑같은 위치로 옮겨진다. 1주기 떨어진 위치에는 똑같은 것이 있을 것이 분명하기 때문에, 그것도 적어 놓는다. 4_2를 약분하면 2_1은 아닌가 하고 생각할 수 있지만, 양자는 전혀 다른 대칭이다.

6회회전축의 경우는 더욱 복잡하여, 6_1, 6_2, 6_3, 6_4, 6_5의 5종이 있다. 나선축 대칭 p_q의 정의는, "$2\pi/p$만큼 회전하여 q/p만큼 회전축 방향으로 병진한다"이다. 이때, p/q가 1/2보다 클 때는, $p_{(p-q)}$인 역회전의 나선이 된다. 회전축, 회반축, 나선축의 기호를 표 3.4에 나타냈다.

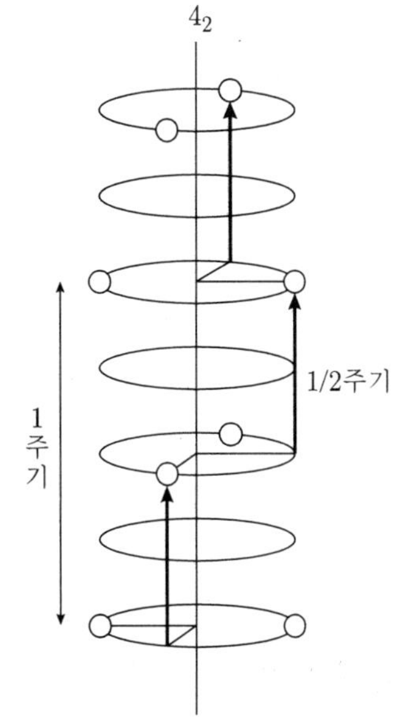

그림 3.17 4_2의 나선축 대칭

표 3.4 회전축, 회반축, 나선축 대칭의 기호

대칭의 기호	기호[1]	기호[2]
2		
2_1		
3		
3_1		
3_2		
4		
4_1		
4_2		
4_3		
6		
6_1		
6_2		
6_3		
6_4		
6_5		
1		
3		
4		
6		

1) 지면에 수직; 2) 지면에 평행(8회축은 체대각 방향, 6회축은 없다)

주기구조이기 때문에 나타나는 또 하나의 대칭은, **영진면**(glide plane)이다. 경면 대칭은 경면으로 투영하는 조작이지만, 그림 3.18(a)에서 보는 것처럼, 영진면은 경면에서 투영하여, 경면과 평행한 축 방향으로 병진하는 조작이다. 이 조작을 다시 한 번 반복하면, 원래의 위치가 아닌, 1주기 떨어진 격자점의 똑같은 위치로 옮겨지게 된다. 그 때문에, 격자구조를 만족하는 대칭조작이다. 그림 3.18(b)에는, 이의

대칭조작을 영진면에 수직한 방향에서 보이고 있다. 물체를 나타내는 백색 동그라미 속의 ❟ 기호는, 경면에서 투영되어 있다는 것을 나타내고 있다. 경면에서 투영하여, a축 방향으로 반주기 병진하는 조작을 a영진면, b축 방향으로 반주기 병진하는 조작을 b영진면, c축 방향으로 반주기 병진하는 조작을 c영진면이라 정의한다. 경면에

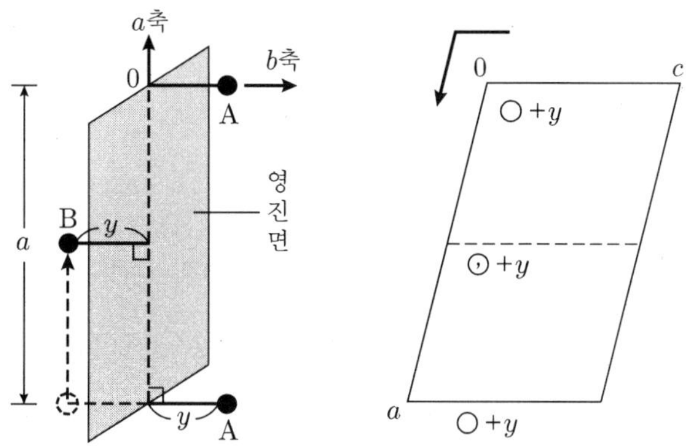

(a) (b)

그림 3.18 영진면 대칭. b축에 수직한 a영진면의 예.
(a)는 전체도이고, (b)는 대칭의 기호로 표시하였다.

표 3.5 경면과 영진면 대칭의 기호

경면 혹은 영진면	기호(지면에 평행)	기호(지면에 수직)
m	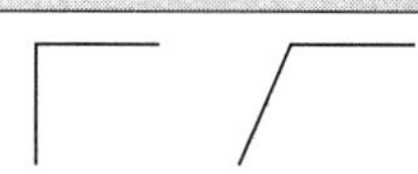	
a, b 및 c	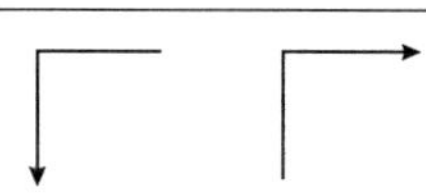	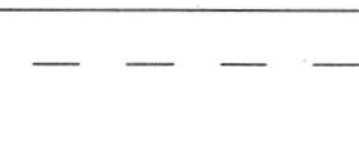
	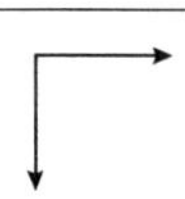	
n		
d	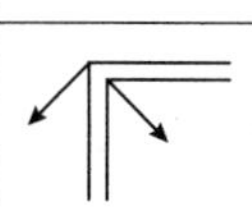	

서 투영하여, a와 b축의 대각 방향, a와 c축의 대각 방향, b와 c축의 대각 방향에 각각 $(a+b)/2$, $(a+c)/2$, $(b+c)/2$ 병진하는 조작을 n영진면이라 말한다. 더하여, 1주기 떨어진 격자점이 아니고, 면심과 체심의 위치에 있는 격자점의 똑같은 위치로 옮겨지는 일도 있다. $(a+b)/2$, $(a+c)/2$, $(b+c)/2$, $(a+b+c)/2$의 위치에 있는 격자점으로 옮겨질 때에는, 각각 $(a+b)/4$, $(a+c)/4$, $(b+c)/4$, $(a+b+c)/4$ 병진하게 된다. 이러한 영진면을 d영진면 또는 다이아몬드 영진면이라 말한다. 경면과 영진면의 기호를 표 3.5에 나타내었다.

3.8 230 공간군

회전축과 회반축으로 이루어지는 점군 대칭에 나선축과 영진면의 대칭을 더하여 공간격자와 조합시키면, 결정의 **공간군**(space group)이 만들어진다. 단사정계를 예로 들면, 공간격자는 P와 C이다. 점군 대칭은 2와 m과 $2/m$이고, 이것에 나선축과 영진면을 더한다. 공간격자가 C이므로, c영진면이 대응한다. 그렇게 하면, 2_1, c, $2_1/m$, $2/c$, $2_1/c$의 5종이 더해지게 된다. 또 C일 때는 2회회전축이 있으면, 그림 3.19에 보는 것처럼, 2회회전축 사이에 반드시 2회나선축이 나타나기 때문에, C에서는 2_1을 포함하는 대칭은 제외한다.

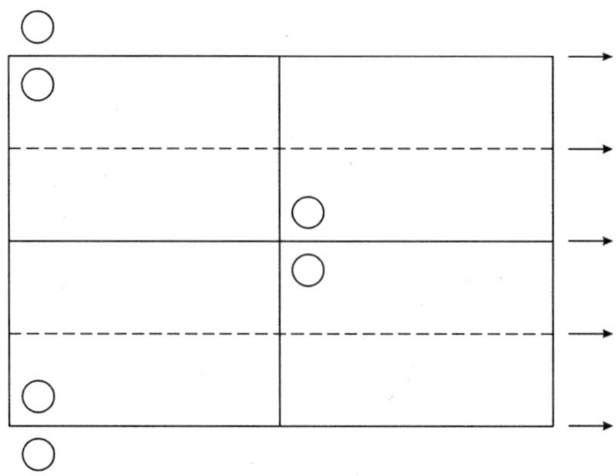

그림 3.19 단사정계의 C저심격자에서 2회축과 2회나선축의 관계

그래서,

$$P: P2,\ Pm,\ P2/m,\ P2_1,\ Pc,\ P2_1/m,\ P2/c,\ P2_1/c$$

$$C: C2,\ Cm,\ C2/m,\ Cc,\ C2/c$$

인 조합이 가능하여, 단사정계의 13종의 공간군이 유도된다.

다른 정계에서도 같은 방법으로 조합을 만들면 되지만, 매우 복잡해지기 때문에 수학적인 수단이 필요하게 된다. 이 조합의 총 수는 230종 존재한다는 것이 수학적으로 엄밀하게 증명되어 있다. 이 수학적인 증명은, X선이 등장하기 직전인 1885년에 페도로프(E.Fedorov)가, 1890년에 쉔프리스(A. Shönflies)가, 1895년 바로우(W.Barlow)가, 각각 독자적으로 증명했다. 이러한 공간군의 고찰법을 사용하면 구조해석이 매우 쉽게 된다는 것에 착안하여 최초로 도입한 것은 일본의 니시가와 마사하루(西川正治)로서, NaCl의 구조해석의 불과 2년 후인 1915년에, 스피넬 구조의 해석에 적용했다(칼럼 참조).

결정해석에 공간군을 도입한 니시가와 마사하루

니시가와 마사하루(西川正治)는 1884년 東京 八王子에서 태어났다. 1910년 동경제국대학 이학부 물리학과를 졸업하고, 대학원에서 방사선의 연구를 하였다. 1911년, 독일과 영국에서 유학한 후 막 귀국한 데라다 도라히코(寺田寅彦)가 같은 대학에 돌아왔다. 데라다는 수필가 및 하이쿠 작가로도 유명하다. 데라다는 1912년 라우에의 논문을 읽고 즉시 X선회절 실험을 시작하여, 1913년 5월 학회에 곧바로 결정으로부터의 X선회절을 보고하였다. 데라다 자신은 곧바로 다른 연구로 옮겨 갔으나, 데라다로부터 X선회절의 연구를 권고받은 것이 니시가와이다. 이미 1913년의 학회에서, 석면, 비단, 마, 운모 등의 X선회절 사진을 보고하였다.

니시가와의 우수한 점은, 결정은 대칭성을 갖고, 230의 공간군으로 기술되기 때문에, 회절무늬에 그의 대칭이 반영되어 있어, 회절무늬의 대칭성을 이용하여 결정구조는 해석될 수 있다는 개념을 처음으로 도입한 점이다. 그래서 1915년에, 실제로 공간군을 이용하여 스피넬(Fe_3O_4)의 결정구조를 해석하고, 이의 보고가 일본의 제국학사원의 영문 논문집에 발표되었다. 그러나, 조금 빨리 브라그에 의해 똑같은 구조가 〈Nature〉에 발표되었기 때문에, 스피넬의 구조해석이라는 업적은 브라그의 업적이 되었고, 니시가와의 논문은 공간군을 결정학에 도입한 업적까지 포함하여 구라파에서는 알려지지 않았다. 공간군을 이용한 이유는, 데라다로부터 쉔프리스의 공간군의 책을 읽어 보도록 권고받아 수학교실의 도서실에서 독학으로 공부했기 때문이라고, 니시가와가 나중에 말하였다.

니시가와는 1917년에 미국에 유학하여, 코넬 대학에 체제하였다. 이때 같은 방에 대학원생인 와이코프(R.Wyckoff)가 있었다. 그는 X선해석에 매우 흥미를 가지고 있었기 때문에, 니시가와는 그에게 X선해석을 가르치면서 동시에 공간군 이론도 가르쳤던 것 같다. 니시가와는 그 다음 2년 후 영국으로 건너가, 브라그의 연구실에 반년 체제하고 귀국하여, 이화학연구소의 연구원이 되어, 나중에 동경 대학 교수로 취임했다. 코넬 대학의 와이코프는 그 후 X선해석의 연구를 계속하고, 많은 결정해석의 연구자를 육성하여, 미국의 X선해석의 아버지로 불려지고 있다. 또 와이코프가 만든 결정의 공간군표는 결정해석의 필수품으로 전 세계에서 이용되어지게 되어, 공간군이라고 말하면 와이코프가 연상되게 되었다. 그 때문에 공간군을 결정학에 도입한 것은 와이코프라고 유럽에서는 오랫동안 여겨져 왔다. 그러나 와이코프 자신은 생전, 공간군 이론을 결정해석에 도입하는 일은 니시가와로부터 배웠다고 말하였다.

니시가와는 귀국 후, 동경 대학 이화학연구소에서 X선해석의 연구를 계속하여, 그 후 일본의 수많은 X선해석의 연구자를 길러, 일본의 X선해석의 아버지로 불리고 있다. 니시가와는 그 후 전자선 회절에도 흥미를 갖고, 이 분야에서도 세계적으로 알려져 있다.

제2차 대전 후, 니시가와는 일본의 결정학 재건에 노력하여, 1949년에는 학술회의에 결정학연구연락위원회를 만들어 초대 위원장이 되고, 1950년에는 일본결정학회를 창건하여 초대 회장으로 선출되었다. 그러나 회장 재임 중인 1952년, 68세에 급서했다.

3.9 공간군의 실례

공간군은 수학적으로 엄밀한 대칭요소의 조합이지만, 실제로 결정에 나타나는 공간군은 아주 소수의 공간군에 치우쳐 있다. 이러한 이유는 다음과 같은 것을 생각할 수 있다. 예를 들어 2회회전축 만을 갖는 공간군은 $P2$이지만, 2회회전축에서 분자가 마주보는 구조가 된다. 분자가 쌍극자를 갖는 경우에는, 쌍극자가 마주보기 때문에, 반발이 커지게 될 것이다. 그에 반해서, 2회나선축을 갖는 $P2_1$의 공간군에서는, 2회나선축 방향으로 180° 회전하여 겹치기 때문에, 쌍극자-쌍극자 상호작용에 의

해 안정화할 것이다. 또 분자 채워짐 상태도 좋아져서, 빈틈이 적은 안정한 구조가 된다고 예상된다.

이러한 여러 가지 이유 때문에, 현실에 존재하는 공간군은 대칭심을 갖는 공간군에서는 $P2_1/c$가, 대칭심을 갖지 않는 공간군에서는 $P2_12_12_1$이 가장 많이 출현한다. 그래서 이 2개의 공간군에 대해서 설명해 보자. "International Tables for Crystallography Vol.A"에는 230개 모든 공간군에 대해서 설명되어 있으나, 그림 3.20에는 $P2_1/c$의 그림이 그려져 있다. 먼저 C_{2h}^5 는 쉔프리스 기호이고, $2/m$은 뒤에 설명하는 라우에 군을 나타내고 있다. $P12_1/c1$은, a축 방향에는 1인 대칭임을 의미하고 있다. **페터슨**(Patterson) **함수**(4.2절 참조)는 병진 조작의 구별이 없어지기 때문에, $2_1/c$는 $2/m$의 대칭이 된다. 좌측 그림은 b축을 위 방향으로 한 단위포의 대칭의 위치관계로, 대칭심과 2회나선축이 서로 번갈아 c축 방향에 늘어져 있다. 좌상의 꺾여 구부러진 화살표와 1/4의 기호는, 영진면이 지면에 평행하고, b축 방향 $y=1/4$의 위치에 c영진면 대칭이 있음을 나타내고 있다.

우상의 그림은 a축을 위쪽 방향으로 한 그림으로, 파선은 영진면 대칭으로 파선을

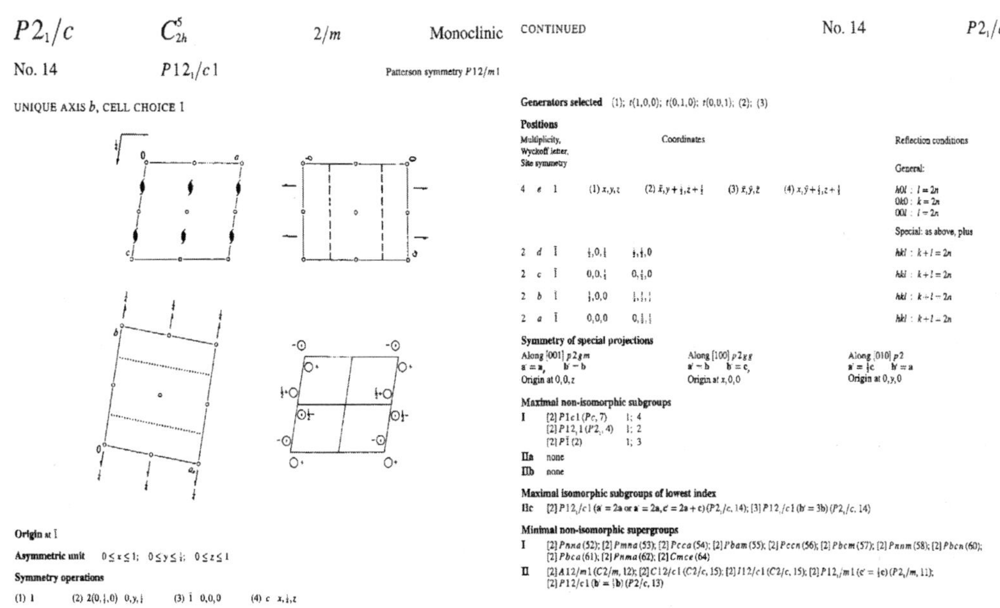

그림 3.20 공간군 $P2_1/c$의 기술법

따라서 반주기 진행함을 나타내고, 반쪽이 잘린 화살표는 2_1나선축을 나타내고 있다. 아울러 c축에 c_p라고 써 있는 이유는, c축의 길이는 지면에 투영한 길이, 즉 $c\sin\beta$임을 나타낸다. 왼쪽 하단의 그림은 c축을 위쪽 방향으로 한 그림으로, 나선축의 옆에 쓰여 있는 1/4는, 나선축이 c축 방향 $z=1/4$인 곳에 있음을 나타내고 있다. 점선은 영진면 대칭으로 점선에 수직하게 반주기 진행함을 나타내고 있다. 오른쪽 하단의 그림은, b축 방향으로부터 바라본 그림(왼쪽 상단과 같음)의 원점 가까이에 백색 동그라미인 물체 혹은 원자(+ 기호)를 놓았을 때, 대칭조작으로 어떻게 옮겨지는지를 보이고 있다. 백색 동그라미 물체는 $(+x,\ +y,\ +z)$의 위치에 있다. 먼저 대칭심에서 $(-x,\ -y,\ -z)$로 옮긴다. 대칭심에서 반전하고 있음을 나타내기 위하여 ❟가 부쳐져 있다. $z=1/4$의 위치에 있는 2_1나선축에서 $(-x,\ 1/2+y,\ 1/2-z)$로 옮긴다. 또, c영진면에서 $(x,\ 1/2-y,\ 1/2+z)$로 옮긴다. 이 경우도 경면에서 반전하기 때문에 ❟가 부쳐져 있다. 이 4점을 1주기 병진한 점도 그려져 있다.

그림의 우측에는 대칭으로 옮겨지는 등가 위치의 좌표가 적혀 있다. 등가 위치는 좌측의 그림에서 표시한 4점이고, 그의 좌표가 주어져 있다. 대칭요소상에 원자가 있으면 등가 위치가 2점이 되는 경우도 있다. 그때는 d, c, b, a 4개 중의 어느 하나이다. 이 공간군에서, 어떤 원자가 2개밖에 없을 때에는 d, c, b, a의 어느 하나의 좌표이다. 오른쪽 란에는 소멸칙(77쪽 참조)이 적혀 있다.

그 밖의 기호에 대해서는 International Tables을 참고하기 바란다.

다음에 $P2_12_12_1$에 대해서 설명하자. 그림 3.21에 그 그림을 나타내고 있다. 좌측에는 3축 방향으로부터 바라본 대칭의 조합과, 단위포 중에 물체를 백색 동그라미로 놓았을 때, 어떻게 대칭으로 옮겨지는지를 나타내고 있다. 3축의 모든 방향에 있는 2_1나선축은, 1/4 틀어져 있어 서로 교차하지 않는다. 우측에는 그때의 4개의 등가 위치의 좌표와 이의 공간군의 소멸칙을 보이고 있다. 이 그림을 보면, 대칭요소가 어떻게 배치하고 있는지, 등가 위치가 어디에 있는지를 간단하게 알 수 있다.

아울러 공간군에서 오해하기 쉬운 점은, 대칭심을 갖지 않는 공간군과 부제(asymmetric)인 공간군과는 다른 개념이라는 것이다. 예를 들어 Pm이라는 공간군은 경면밖에 갖고 있지 않기 때문에 대칭심을 갖고 있지 않다. 그러나 경면을 가졌는데, 우수계인 물질이 있으면 반드시 좌수계의 물질을 갖는다. 따라서 우수계

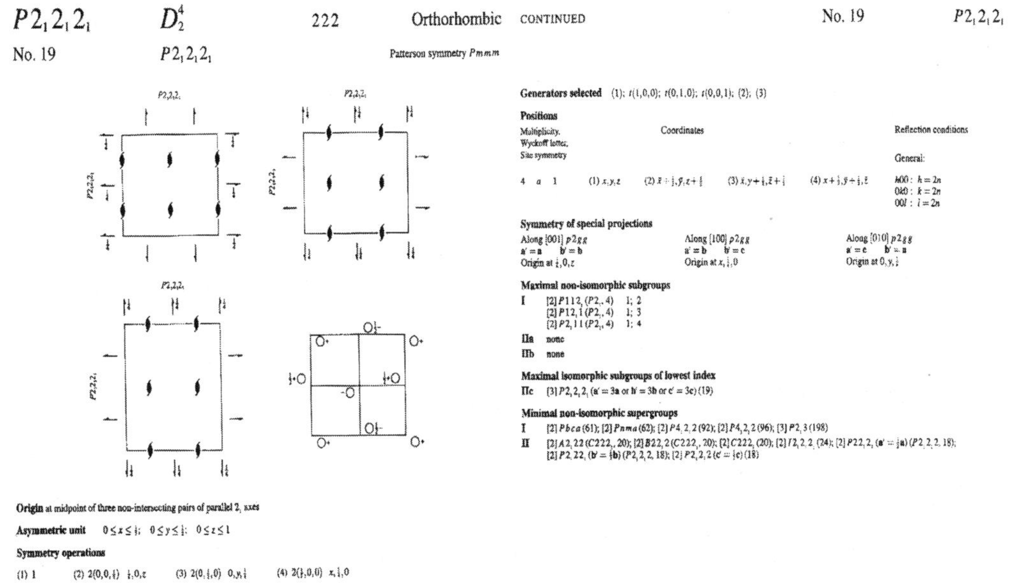

그림 3.21 공간군 $P2_12_12_1$의 기술법

또는 좌수계만의 물질만을 갖는 부제인 공간군은 없다. 영진면을 갖는 공간군도 마찬가지이다. 따라서 부제인 공간군이란 회전축과 나선축의 조합만으로 만들어진 공간군인 것이다.

분자가 부제를 갖고, 그중 한쪽의 부제인 분자만을 포함하는 결정은 반드시 부제인 공간군이 된다. 예를 들어 천연유기화합물의 결정의 경우이다. 대부분이 $P2_1$이든지 $P2_12_12_1$의 공간군이다. 그러나, 분자가 부제를 갖지 않는 경우와 라세미체인 경우에서도 부제인 공간군으로 결정화하는 경우도 있음에 주의하지 않으면 안 된다. 따라서 분자를 채우는 방법에 부제가 존재하는 것이 부제한 공간군의 조건인 것이다.

3.10 공간군의 판정

결정구조를 해석하기 위해서는, 먼저 230개의 공간군 중 어느 공간군에 속하는지를 결정하지 않으면 안 된다. 이 공간군의 결정을 곤란하게 하는 큰 요인은, 실험적으로 얻어지는 회절강도는 구조인자의 제곱에 비례한다는 것이다.

$$I(hkl) \propto |F(hkl)|^2 = F(hkl) \times F^*(hkl) \tag{3.3}$$

여기서, $F^*(hkl)$은 $F(hkl)$의 복소공액이기 때문에, $F(\overline{h}\,\overline{k}\,\overline{l})$과 같다. 따라서, 다음 식이 성립한다.

$$I(hkl) = I(\overline{h}\,\overline{k}\,\overline{l}) \tag{3.4}$$

이 식을 **후리델 법칙**(Friedel's law)이라고 말한다. 이 법칙은 (hkl)면에 의한 회절강도와 그의 반대면 $(\overline{h}\,\overline{k}\,\overline{l})$면에 의한 회절강도는 똑같다는 것을 나타내고 있다. 이로부터, $P1$과 $P\overline{1}$과 같이 대칭심을 갖는 공간군인지, 대칭심을 갖지 않는 공간군인지 하는 구별은 알 수 없게 된다. 또 hkl 대신에 xyz의 변수를 $\overline{x}\,\overline{y}\,\overline{z}$로 하여도 복소공액이 되기 때문에, 결정축의 정방향과 부방향도 구별할 수 없게 된다. 그 때문에 공간군을 일의적으로 판정하는 일은 어렵지만, 몇 가지의 가능성으로 좁힐 수는 있다. 최종적으로는, 좁혀진 공간군 중에서 합리적인 구조가 얻어진 것이 있다면 이 공간군이 올바른 공간군이 된다.

3.10.1 라우에 대칭의 판정

결정의 대칭은 점군 대칭으로 되어 있지만, 회절강도는 구조인자의 제곱으로, 대칭심의 대칭이 생기기 때문에, 회절반점의 대칭은 점군에 대칭심을 가미한 대칭군으로 나누어진다. 이것을 **라우에군**(Laue group)이라 말하고, 표 3.6에 보인 것처럼 14종 있다. 먼저 결정으로부터의 회절강도가 어떤 대칭성을 보이고 있는지 조사함으로써, 어떤 라우에 대칭에 속하고 있는지를 결정하는 일이 가능하다. 삼사정계, 단사정계, 사방정계는 각각 1개의 라우에 대칭밖에 존재하지 않지만, 정방정계 이상에서는 2개 이상의 라우에 대칭이 있다. 예를 들어 정방정계에서는, $4/m$과 $4/mmm$이 있다. $4/m$은 4회축과 그것에 수직한 경면을 갖으나, $4/mmm$에서는 $4/m$ 이외에, 4회축을 갖고 서로 45° 각도를 이루는 경면이 있다. 그 때문에, $I(hkl) = I(k\overline{h}l)$이라는 4회축의 대칭 이외에, $I(hkl) = I(khl)$이라는 대칭이 생기게 된다. 단사정계인지 사방정계인지의 구별은 이 라우에 대칭으로 정해지기 때문에, 예를 들어 단위포의 각도 β가 90°인 경우에도 회절강도의 대칭이 $2/m$이라면 단사정계이고, mmm

표 3.6 14종 라우에군의 등가인 회절

정계	점군	라우에군	등가점의 수	등가인 회절점의 조합
삼사	1, $\bar{1}$	$\bar{1}$	2	$h,k,l=\bar{h},\bar{k},\bar{l}$
단사	2, m, $2/m$	$2/m$	4	$h,k,l=h,\bar{k},l=\bar{h},k,\bar{l}=\bar{h},\bar{k},\bar{l}$
사방	222, $mm2$, mmm	mmm	8	$h,k,l=\bar{h},k,l=h,\bar{k},l=h,k,\bar{l}=\bar{h},\bar{k},l=$ $\bar{h},k,\bar{l}=h,\bar{k},\bar{l}=\bar{h},\bar{k},\bar{l}$
정방	4, $\bar{4}$, $4/m$	$4/m$	8	$h,k,l=\bar{h},\bar{k},l=h,k,\bar{l}=\bar{h},\bar{k},\bar{l}=\bar{k},h,l=$ $k,\bar{h},l=\bar{k},h,\bar{l}=k,\bar{h},\bar{l}$
	422, $4mmm$ $\bar{4}2m$, $4/mmm$	$4/mmm$	16	$4/m$이외에, $h,k,l=k,h,l=\bar{k},\bar{h},l=k,h,\bar{l}=$ $\bar{k},\bar{h},\bar{l}=\bar{h},k,l=h,\bar{k},l=\bar{h},k,\bar{l}=h,\bar{k},\bar{l}$
삼방 (능면체)	3, $\bar{3}$	$\bar{3}$	6	$h,k,l=k,l,h=l,h,k=\bar{h},\bar{k},\bar{l}=\bar{k},\bar{l},\bar{h}=$ $\bar{l},\bar{h},\bar{k}$
	32, $3m$, $\bar{3}m$	$\bar{3}m$	12	$h,k,l=k,l,h=l,h,k=\bar{h},\bar{k},\bar{l}=\bar{k},\bar{l},\bar{h}=$ $\bar{l},\bar{h},\bar{k}=k,h,l=h,l,k=l,k,h=\bar{k},\bar{h},\bar{l}=$ $\bar{h},\bar{l},\bar{k}=\bar{l},\bar{k},\bar{h}$
삼방 (육방)	3, $\bar{3}$	$\bar{3}$	6	$h,k,l=k,i,l=i,h,l=\bar{h},\bar{k},\bar{l}=\bar{k},\bar{i},\bar{l}=$ $\bar{i},\bar{h},\bar{l}$
	321, $3m1$, $3m1$	$3m1$	12	$h,k,l=k,i,l=i,h,l=\bar{h},\bar{k},\bar{l}=\bar{k},\bar{i},\bar{l}=$ $\bar{i},\bar{h},\bar{l}=k,h,\bar{l}=h,i,\bar{l}=i,k,\bar{l}=\bar{k},\bar{h},l=$ $\bar{h},\bar{i},l=\bar{i},\bar{k},l$
	312, $31m$, $31m$	$31m$	12	$h,k,l=k,i,l=i,h,l=\bar{h},\bar{k},\bar{l}=\bar{k},\bar{i},\bar{l}=$ $\bar{i},\bar{h},\bar{l}=k,h,l=h,i,l=i,k,l=\bar{k},\bar{h},\bar{l}=$ $\bar{h},\bar{i},\bar{l}=\bar{i},\bar{k},\bar{l}$
육방	6, $\bar{6}$, $6/m$	$6/m$	12	$h,k,l=k,i,l=i,h,l=\bar{h},\bar{k},l=\bar{k},\bar{i},l=$ $\bar{i},\bar{h},l=h,k,\bar{l}=k,i,\bar{l}=i,h,\bar{l}=\bar{h},\bar{k},\bar{l}=$ $\bar{k},\bar{i},\bar{l}=\bar{i},\bar{h},\bar{l}$
	622, $6mm$ $\bar{6}m2$, $6/mmm$	$6/mmm$	24	$6/m$이외에, $h,k,l=k,h,l=h,i,l=i,k,l=$ $\bar{k},\bar{h},l=\bar{h},\bar{i},l=\bar{i},\bar{k},l=k,h,\bar{l}=h,i,\bar{l}=i,k,\bar{l}=$ $\bar{k},\bar{h},\bar{l}=\bar{h},\bar{i},\bar{l}=\bar{i},\bar{k},\bar{l}$

표 3.6 (계속)

정계	점군	라우에군	등가점의 수	등가인 회절점의 조합
입방	23, $m3$	$m3$	24	$h,k,l=\bar{h},k,l=h,\bar{k},l=h,k,\bar{l}=h,\bar{k},\bar{l}=$ $\bar{h},k,\bar{l}=\bar{h},\bar{k},l=\bar{h},\bar{k},\bar{l}=k,l,h=\bar{k},l,h=$ $k,\bar{l},h=k,l,\bar{h}=k,\bar{l},\bar{h}=\bar{k},l,\bar{h}=\bar{k},\bar{l},h=$ $\bar{k},\bar{l},\bar{h}=l,h,k=\bar{l},h,k=l,\bar{h},k=l,h,\bar{k}=$ $l,\bar{h},\bar{k}=\bar{l},h,\bar{k}=\bar{l},\bar{h},k=\bar{l},\bar{h},\bar{k}$
	$432,\bar{4}3m,m\bar{3}m$	$m\bar{3}m$	48	$m3$이외에, $h,k,l=k,h,l=\bar{k},h,l=k,\bar{h},l=$ $k,h,\bar{l}=k,\bar{h},\bar{l}=\bar{k},h,\bar{l}=\bar{k},\bar{h},l=h,l,k=$ $\bar{h},l,k=h,\bar{l},k=h,l,\bar{k}=h,\bar{l},\bar{k}=\bar{h},l,\bar{k}=$ $\bar{h},\bar{l},k=\bar{h},\bar{l},\bar{k}=l,k,h=\bar{l},k,h=l,\bar{k},h=$ $l,k,\bar{h}=l,\bar{k},\bar{h}=\bar{l},k,\bar{h}=\bar{l},\bar{k},h=\bar{l},\bar{k},\bar{h}$

지수 hkl 은 그 지수의 회절강도 $I(hkl)$을 나타낸다. 삼방, 육방에서는 $i=-h-k$를 나타낸다.

이라면 사방정계이다.

3.10.2 공간격자의 판정

공간격자가 단순격자인 경우, 모든 회절강도가 얼마간의 값을 가지지만, 복합격자의 경우는 규칙적으로 강도가 0이 되어 관측할 수 없게 된다. 이것을 **소멸칙**(extinction rule)이라 말하고, 공간격자의 판정에 이용할 수 있다. 공간격자가 C저심격자인 경우는, (x, y, z)에 원자가 있으면, $(x+1/2, y+1/2, z)$에도 원자가 존재한다. 따라서, 구조인자는 다음 식으로 나타내어진다.

$$\begin{aligned}
F(hkl) &= \sum_{j=1}^{n} f_j \exp\{2\pi i(hx_j+ky_j+lz_j)\} \\
&= \sum_{j=1}^{n/2} f_j \Big[\exp\{2\pi i(hx_j+ky_j+lz_j)\} \\
&\qquad + \exp\Big\{2\pi i\Big(hx_j+ky_j+lz_j+\frac{h+k}{2}\Big)\Big\}\Big] \\
&= \sum_{j=1}^{n/2} f_j \exp\{2\pi i(hx_j+ky_j+lz_j)\}\{1+\exp \pi i(h+k)\} \qquad (3.5)
\end{aligned}$$

여기서, $\exp \pi i(h+k)$는 $h+k$가 홀수일 때 −1이 되고, 짝수일 때 +1이 되기 때문에

$$\left.\begin{aligned} &F(hkl) = 2\sum_{j=1}^{n/2} f_j \exp\{2\pi i(hx_j + ky_j + lz_j)\} && h+k=2n \\ &F(hkl) = 0 && h+k=2n+1 \end{aligned}\right\} \tag{3.6}$$

이 된다. $I(hkl) \propto |F(hkl)|^2$이므로, $h+k$가 홀수인 회절점은 소멸한다.

체심격자에서는, (x,y,z)에 원자가 존재하면, $(x+1/2, y+1/2, z+1/2)$에도 반드시 원자가 존재한다. 그래서 같은 방법으로 구조인자를 계산하면,

$$\begin{aligned} F(hkl) &= \sum_{j=1}^{n} f_j \exp\{2\pi i(hx_j + ky_j + lz_j)\} \\ &= \sum_{j=1}^{n/2} f_j \Big[\exp\{2\pi i(hx_j + ky_j + lz_j)\} \\ &\qquad + \exp\Big\{2\pi i\Big(hx_j + ky_j + lz_j + \frac{h+k+l}{2}\Big)\Big\}\Big] \\ &= \sum_{j=1}^{n/2} f_j \exp\{2\pi i(hx_j + ky_j + lz_j)\}\{1 + \exp \pi i(h+k+l)\} \end{aligned} \tag{3.7}$$

이 된다. $\exp \pi i(h+k+l)$은 $h+k+l$이 홀수일 때 −1이 되고, 짝수일 때 +1이 되기 때문에,

$$\left.\begin{aligned} &F(hkl) = 2\sum_{j=1}^{n/2} f_j \exp\{2\pi i(hx_j + ky_j + lz_j)\} && h+k+l=2n \\ &F(hkl) = 0 && h+k+l=2n+1 \end{aligned}\right\} \tag{3.8}$$

이 된다.

면심격자인 경우도 같은 방법이다. 이 경우는 (x,y,z)에 원자가 있으면, $(x, y+1/2, z+1/2)$과 $(x+1/2, y, z+1/2)$과 $(x+1/2, y+1/2, z)$의 모두에 원자가 있다. 따라서,

$$F(hkl) = \sum_{j=1}^{n} f_j \exp\{2\pi i(hx_j + ky_j + lz_j)\}$$

$$= \sum_{j=1}^{n/4} f_j \Big[\exp\{2\pi i(hx_j + ky_j + lz_j)\}$$

$$+ \exp\Big\{2\pi i\Big(hx_j + ky_j + lz_j + \frac{k+l}{2}\Big)\Big\}$$

$$+ \exp\Big\{2\pi i\Big(hx_j + ky_j + lz_j + \frac{h+l}{2}\Big)\Big\}$$

$$+ \exp\Big\{2\pi i\Big(hx_j + ky_j + lz_j + \frac{h+k}{2}\Big)\Big\}\Big] \tag{3.9}$$

$$= \sum_{j=1}^{n/4} f_j \exp\{2\pi i(hx_j + ky_j + lz_j)\}\{1 + \exp \pi i(k+l)$$

$$+ \exp \pi i(h+l) + \exp \pi i(h+k)\} \tag{3.10}$$

이 된다. 이 식에서, h, k, l이 모두 짝수 또는 홀수일 때, 마지막 {　}항은 4가 되고, 그 밖의 경우는 0이 된다. 따라서,

$$\left.\begin{array}{ll} F(hkl) = 4\sum_{j=1}^{n/4} f_j \exp\{2\pi i(hx_j + ky_j + lz_j)\} & \\ \qquad\qquad \text{모든 } h, k, l\text{이 } 2n \text{ 혹은 } 2n+1\text{인 때} & \\ F(hkl) = 0 \qquad\qquad \text{그 밖의 경우} & \end{array}\right\} \tag{3.11}$$

이 된다. 이렇게 하여, 공간격자는 간단히 판정할 수 있다. 공간격자에 의한 소멸칙은 h, k, l 모든 지수에 관계하기 때문에, 역격자 공간 전체에 적용되는 소멸칙이다. 이것들을 표 3.7에 정리했다.

표 3.7 복합격자의 소멸칙

공간격자	소멸칙
P	전부 출현
A	$k+l \neq 2n$
B	$h+l \neq 2n$
C	$h+k \neq 2n$
I	$h+k+l \neq 2n$
F	h, k, l(전부)$\neq 2n$ 또는 h, k, l(전부)$\neq 2n+1$

3.10.3 나선축과 영진면의 판정

나선축과 영진면의 대칭요소처럼, 병진의 조작을 포함하는 경우에도 소멸칙이 나타난다. 예를 들어 원점을 지나 b축에 평행하게 2_1나선축이 있을 때는, (x, y, z)에 원자가 있으면 $(-x, y+1/2, -z)$에도 원자가 있다. 그러면,

$$\begin{aligned} F(hkl) &= \sum_{j=1}^{n} f_j \exp\{2\pi i(hx_j + ky_j + lz_j)\} \\ &= \sum_{j=1}^{n/2} f_j [\exp\{2\pi i(hx_j + ky_j + lz_j)\} \\ &\qquad + \exp\left\{2\pi i\left(-hx_j + ky_j - lz_j + \frac{k}{2}\right)\right\}] \end{aligned} \tag{3.12}$$

이대로는 소멸하는 지수가 보이지 않으나, h와 l이 0일 때는,

$$\begin{aligned} F(0k0) &= \sum_{j=1}^{n/2} f_j \left[\exp(2\pi iky_j) + \exp\left\{2\pi i\left(ky_j + \frac{k}{2}\right)\right\}\right] \\ &= \sum_{j=1}^{n/2} f_j \exp(2\pi iky_j)\{1 + \exp(\pi ik)\} \end{aligned} \tag{3.13}$$

이 된다. 따라서,

$$\left.\begin{aligned} F(0k0) &= 2\sum_{j=1}^{n/2} f_j \exp(2\pi iky_j) \qquad & k = 2n \\ F(0k0) &= 0 & k = 2n+1 \end{aligned}\right\} \tag{3.14}$$

가 된다. 이처럼 2_1나선축이 있으면, 나선축 방향의 지수가 홀수인 것은 소멸한다. 3회나선축, 4회나선축, 6회나선축에 대해서는 표 3.8에 게재하고 있다.

영진면에 대해서도 소멸칙이 있다. b축에 수직으로 c영진면이 있으면, (x, y, z)에 원자가 있으면, $(x, -y, z+1/2)$에도 원자가 있다. 따라서,

$$\begin{aligned} F(hkl) &= \sum_{j=1}^{n} f_j \exp\{2\pi i(hx_j + ky_j + lz_j)\} \\ &= \sum_{j=1}^{n/2} f_j [\exp\{2\pi i(hx_j + ky_j + lz_j)\} \end{aligned}$$

$$+\exp\left\{2\pi i\left(hx_j - ky_j + lz_j + \frac{l}{2}\right)\right\}\Bigg] \quad (3.15)$$

가 된다. 일반적으로는 소멸칙이 생각되지는 않지만, $k=0$인 경우는,

$$F(h0l) = \sum_{j=1}^{n/2} f_j\left[\exp\{2\pi i(hx_j + lz_j)\} + \exp\left\{2\pi i\left(hx_j + lz_j + \frac{l}{2}\right)\right\}\right]$$

$$= \sum_{j=1}^{n/2} f_j \exp\{2\pi i(hx_j + lz_j)\}\{1 + \exp(\pi i l)\} \quad (3.16)$$

이므로, 따라서,

$$\left.\begin{aligned} F(h0l) &= 2\sum_{j=1}^{n/2} f_j \exp\{2\pi i(hx_j + lz_j)\} \qquad l = 2n \\ F(h0l) &= 0 \qquad\qquad\qquad\qquad\qquad\qquad l = 2n+1 \end{aligned}\right\} \quad (3.17)$$

표 3.8 나선축의 소멸칙

나선의 방향	a축에 평행	b축에 평행	c축에 평행
주목하는 지수	$h00$	$0k0$	$00l$
2_1, 4_2, 6_3	$h \neq 2n$	$k \neq 2n$	$l \neq 2n$
3_1, 3_2, 6_2, 6_4			$l \neq 3n$
4_1, 4_3	$h \neq 4n$	$k \neq 4n$	$l \neq 4n$
6_1, 6_5			$l \neq 6n$

표 3.9 영진면의 소멸칙

영진면의 방향	a축에 수직	b축에 수직	c축에 수직
주목하는 지수	$0kl$	$h0l$	$hk0$
a영진면		$h \neq 2n$	$h \neq 2n$
b영진면	$k \neq 2n$		$k \neq 2n$
c영진면	$l \neq 2n$	$l \neq 2n$	
n영진면	$k+l \neq 2n$	$h+l \neq 2n$	$h+k \neq 2n$
d영진면	$k+l \neq 4n$ $h+k+l \neq 4n$(1 1 1) 방향	$h+l \neq 4n$	$h+k \neq 4n$

이 된다. 이처럼, 영진면 대칭에서는, 영진면에 수직한 축 방향의 지수가 0이고, 병진하는 축 방향의 지수가 홀수인 경우는 소멸한다. a, b, c, n, d영진면의 소멸칙에 대해서는 표 3.9에 나타내고 있다.

3.10.4 공간군의 판정-단사정계의 예

회전축과 회반축 대칭에 대해서는, 아쉽지만 소멸칙이 없다. 이 때문에, 모든 공간군이 일의적으로는 정해지지 않는다. 단사정계의 예에서 공간군을 판정하는 방법을 설명하고자 한다. 먼저 회절반점의 지수를 정할 수 있었다고 하자. 다음에 단사정계인지 아닌지는 라우에 대칭이 $2/m$인지 아닌지로 판별할 수 있다.

즉 $I(hkl)=I(h\bar{k}l)=I(\bar{h}k\bar{l})=I(\bar{h}\bar{k}\bar{l})$이고, k의 +-에 대해서 대칭적인 강도를 갖는다. 이어서 공간격자를 구별한다. 단사정계에서는 단순격자 P 아니면 C저심격자를 갖는다. $h+k$가 홀수인 회절강도가 0이라면 C저심격자이다. 단 이 지수의 회절강도의 몇 개가 0이 아니고, 이 지수의 회절강도가 모두 0이 되어야 한다.

이어서 나선축 대칭을 조사해 보자. $I(0k0)$에서 k가 홀수인 회절강도가 모두 0이면, b축에 평행으로 2_1축이 있다. 아울러 영진면 대칭을 조사해 보자. $I(h0l)$에서 l이 홀수인 회절강도가 모두 0이라면, b축에 수직한 c영진면이 있다. 이러한 소멸칙의 유무로, 단사정계 13종의 공간군은 다음 6종으로 구별할 수 있다.

(1) 소멸칙이 아무것도 보이지 않는다 : $P2, Pm, P2/m$

(2) 2회나선축의 소멸칙뿐 : $P2_1$, $P2_1/m$

(3) c영진면의 소멸칙뿐 : Pc, $P2/c$

(4) 2회나선축과 c영진면의 소멸칙 : $P2_1/c$

(5) 저심격자의 소멸칙뿐 : $C2$, Cm, $C2/m$

(6) 저심격자와 c영진면의 소멸칙 :Cc, $C2/c$

여기서 소멸칙이 겹치는 경우가 있음에 주의하기 바란다. 예를 들어 C저심격자는 $h+k$에서 $2n+1$이 소멸하지만, b축 방향의 2회나선의 소멸칙은 $I(0k0)$에서 $k=2n+1$이기 때문에, C저심격자에서는 반드시 2_1나선축이 존재하게 된다. 이 경우는 항상 공간격자의 소멸칙을 우선하여 생각하게 된다.

각 그룹 중의 공간군의 차이는 회전축이나 회반축의 차이와 대칭심의 유무이므로, 소멸칙으로는 구별할 수 없다. 그러나 4.1절에서 설명하겠지만, 회절강도의 통계적인 분포로부터 대칭심의 유무를 판별할 수 있는 경우가 많다. 그 결과, (1)의 $P2$와 Pm, (5)의 $C2$와 Cm의 구별을 제외하면 공간군을 구별하는 것이 가능하다. 더욱이 (1)은 거의 출현하지 않는 공간군이고, (5)에서는 Cm공간군도 거의 출현하지 않기 때문에, 단사정계에서는 공간군을 일의적으로 판별할 수 있다고 말해도 된다. 그러나 명확히 판별할 수 없을 때에는, 가능한 공간군을 가정하여 해석을 진행하고, 이 중 바른 해의 구조가 얻어진 공간군을 선택하면 된다. 여기서, (4)의 $P2_1/c$의 공간군은 가장 출현 빈도가 높고, 또 소멸칙으로부터 일의적으로 판정할 수 있다는 이점이 있다. 다른 정계에 대해서도, 소멸칙으로부터 공간군을 판별할 수 있다. 소멸칙의 판정이 바르면, 공간군의 판정은 이론적으로 진행할 수 있기 때문에, 현재의 자동해석 프로그램을 사용하면 용이하게 가능한 공간군의 판정을 수행해 준다. 그러나, 제5장에서 설명하는 것처럼 소멸칙이 반드시 바르게 판정되지 않은 경우가 있기 때문에, 해석이 난항하면 공간군의 판정을 다시 살펴보는 것이 중요하다. 이때, 3.9절에서 설명한 것처럼 “Internayional Tables for Crystallography Vol.A”를 참조한다. 특히 나선축 유무의 판정은, 소수의 회절점의 소멸 여부로 정해지기 때문에, 무언가의 다른 요인으로 소멸해야 하는 회절점이 소멸하지 않기 때문에 나선축이 존재하지 않는다고 판정될 수 있는 우려가 있다.

연습문제

[1] 회전축과 경면은 어떤 각도로 교차하면 점군 대칭을 만족할 수 있는가?

[2] 나선축 p_q의 정의는 $2\pi/p$만큼 회전하여 회전축 방향에 q/p병진하는 것이다. 따라서, 3_2 나선축은 $120°$ 만큼 오른쪽으로 회전하여 나선축 방향에 2/3병진한다. 이렇게 하면, 왼쪽으로 회전하는 3_1나선축과 똑같이 됨을 설명하라.

[3] 6_2나선축, 6_3나선축을 그림으로 그려서, 이것들이 3_1나선축, 2_1나선축과 다르다는 것을 설명하라.

4장 구조해석 – 위상결정 방법

앞 절에서 설명한 것처럼, 단위포 내 임의의 점(x,y,z)의 전자밀도는,

$$\rho(x,y,z) = \frac{1}{V}\sum_{-\infty}^{+\infty}\sum_{-\infty}^{+\infty}\sum_{-\infty}^{+\infty} F(hkl)\exp\{-2\pi i(hx+ky+lz)\} \tag{4.1}$$

로 나타내어진다. 회절강도 $I(hkl)$로부터 $|F(hkl)|$이 구해진다. $F(hkl)$은 그림 4.1에서 볼 수 있는 것처럼,

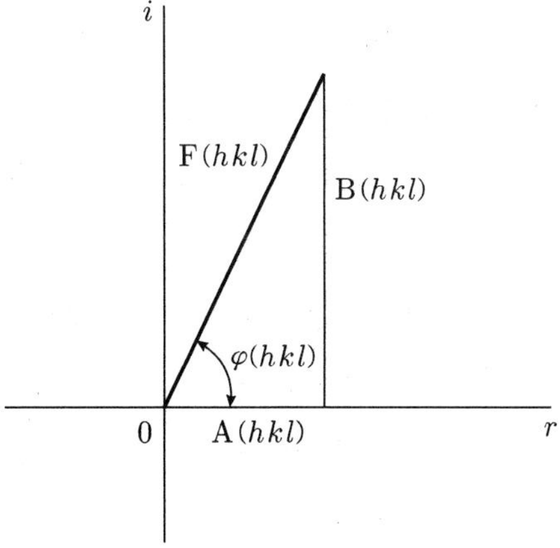

그림 4.1 구조인자와 그의 위상각

$$F(hkl) = |F(hkl)|\exp\{i\varphi(hkl)\} \tag{4.2}$$

이기 때문에, 무언가의 수단으로 각 구조인자의 위상 $\varphi(hkl)$을 구하지 않으면, (4.1)식으로부터 전자밀도를 계산할 수 없다. 이 일을 **위상문제**(phase problem)라 말하고, 이는 X선구조해석의 본질적인 과제이고, 현재도 완전한 해는 구해지지 않고 있다. 그 때문에, 이상적인 회절강도 데이터를 측정할 수 있다고 해도 구조해석에 성공한다는 보장은 없다. 그러나 이제까지 몇 가지 유력한 방법이 제안되어 있어, 통상의 결정인 경우는 대부분 해석에 성공하게 되었다. 본 장에서는 이러한 유력한 방법에 대해서 설명한다.

4.1 직접법

제2장에서 설명한 것처럼,

$$F(hkl) = \sum_{j=1}^{n} f_j \exp\{2\pi i(hx_j + ky_j + lz_j)\} \tag{4.3}$$

이다. 수소 이외의 원자 30개 정도로 이루어진 분자를 갖는 결정의 경우, X선을 조사하면 약 10000개 정도의 회절강도 $I(hkl)$이 관측된다. 이 일은 30개 원자의 x_j, y_j, z_j좌표를 구하는 일이기 때문에, 90개의 독립한 변수에 대해서 10000개의 $F(hkl)$이 존재하는 것이 된다. 이것으로부터, (10000−90)개의 $F(hkl)$은 독립이 아니고, 서로 무언가의 관계로 연결되어 있음이 분명하다. 이 관계식을 잘 사용하면, $F(hkl)$을 직접 구하는 것이 가능한 것은 아닌가 하는 추론을 할 수 있다. $|F(hkl)|$은 실험으로 얻을 수 있는 것이기 때문에, (4.3)식으로 얻을 수 있는 위상 $\varphi(hkl)$의 사이에 무언가의 관계식이 있고, 이 관계식으로부터 각각의 위상을 직접 구할 수 있는 것은 아닌지 하는 예상을 할 수 있다. 이것이 **직접법**(direct method)을 개발하는 원점이 된 기본적인 개념이다. 1950년대가 되어서 여러 가지 **위상관계식**(phase relation)이 제안되었으나, 현재 사용되어지고 있는 관계식은 비교적 초기에 매우 단순한 아이디어로부터 생긴 관계식이다.

4.1.1 세이야 방정식

이 절에서는, 식의 복잡함을 피하기 위하여 지수를 벡터 표시하면,

$$F(hkl) = F(\boldsymbol{K}) = |F(\boldsymbol{K})|\exp\{i\varphi(\boldsymbol{K})\} \tag{4.4}$$

로 나타낼 수 있다. 세이야(D.Sayre)는 1952년, 그림 4.2처럼, 각 원자가 충분히 떨어져 있으며, 하지만 같은 원자로 되어 있는 단순한 모델로 전자밀도 $\rho(\boldsymbol{r})$을 생각해 보았다. 원자가 충분히 떨어져 있다고 하면, 전자밀도의 제곱의 함수 $\rho(\boldsymbol{r})^2$일지라도, 함수의 값은 다르지만, 함수의 피크의 위치 $\boldsymbol{r}$은 동일하다고 생각했다. 원자 산란인자를 f라고 하고, 제곱인 전자밀도를 갖는 가상적인 물체의 산란인자를 g라고 하면, 원자에 의한 산란의 구조인자 $F(\boldsymbol{K})$와 가상적인 물체에 의한 산란의 구조인자 $G(\boldsymbol{K})$는 다음과 같이 나타낼 수 있다.

$$F(\boldsymbol{K}) = f\sum_{j=1}^{n}\exp(2\pi i\boldsymbol{K}\cdot\boldsymbol{r}_j) \tag{4.5}$$

$$G(\boldsymbol{K}) = g\sum_{j=1}^{n}\exp(2\pi i\boldsymbol{K}\cdot\boldsymbol{r}_j) \tag{4.6}$$

(4.5)와 (4.6)식으로부터,

$$G(\boldsymbol{K}) = \frac{g}{f}F(\boldsymbol{K}) \tag{4.7}$$

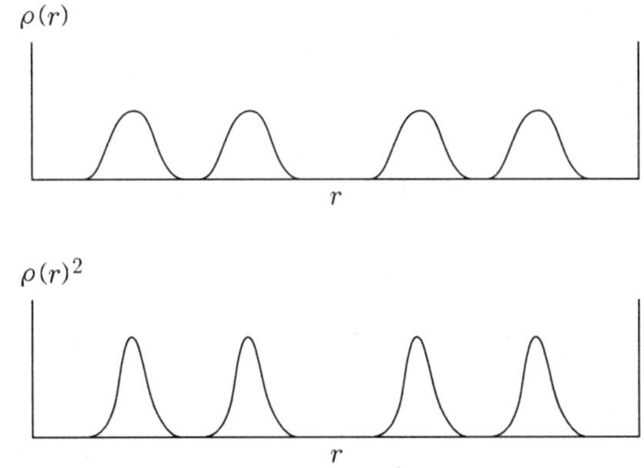

그림 4.2 1차원 구조에서 전자밀도와 전자밀도의 제곱인 함수의 관계

이 된다. 한편, $\rho(r)^2$은 $\rho(r)$의 제곱인 함수이므로, $G(\boldsymbol{K})$는 $F(\boldsymbol{K})$로도 직접 표현할 수 있다. 이 식은 **자기겹침 함수**(self-convolution function)라 말하고, 엄밀한 설명은 난해하지만 결과는 비교적 간단하여,

$$G(\boldsymbol{K}) = \frac{1}{V}\sum_{\boldsymbol{K}'}F(\boldsymbol{K}')F(\boldsymbol{K}-\boldsymbol{K}') \tag{4.8}$$

이 된다. 여기서 V는 단위포의 체적이고, 합은 $\boldsymbol{K}'$에 대해서 취한다.

(4.7)과 (4.8)식의 우변을 같다고 놓으면, 다음 식처럼 된다.

$$F(\boldsymbol{K}) = \frac{f}{gV}\sum_{\boldsymbol{K}'}F(\boldsymbol{K}')F(\boldsymbol{K}-\boldsymbol{K}') \tag{4.9}$$

이 식을 **세이야 방정식**(Sayre's equation)이라 말한다. 이 식은 올바르지만, 이대로는 위상을 결정하지는 못한다. 그래서, 합을 취하는 항 중의 1개의 $\boldsymbol{K}'$에 대해서만 $F(\boldsymbol{K}')F(\boldsymbol{K}-\boldsymbol{K}')$의 값이 특별히 크게 되어, 다른 항은 무시할 수 있다고 생각한다. 그렇게 생각하면,

$$F(\boldsymbol{K}) \fallingdotseq \frac{f}{gV}F(\boldsymbol{K}')F(\boldsymbol{K}-\boldsymbol{K}') \tag{4.10}$$

이 된다. (4.2)식을 사용하면,

$$|F(\boldsymbol{K})|\exp\{i\varphi(\boldsymbol{K})\} \fallingdotseq$$

$$\frac{f}{gV}|F(\boldsymbol{K}')F(\boldsymbol{K}-\boldsymbol{K}')|\exp\{i\varphi(\boldsymbol{K}')+i\varphi(\boldsymbol{K}-\boldsymbol{K}')\} \tag{4.11}$$

이 되기 때문에, 양변의 exp항의 { } 내는 같다고 놓는다. 따라서,

$$\varphi(\boldsymbol{K}) = \varphi(\boldsymbol{K}')+\varphi(\boldsymbol{K}-\boldsymbol{K}') \tag{4.12}$$

가 되고, 이 식으로부터 2개의 구조인자의 위상, $\varphi(\boldsymbol{K}')$와 $\varphi(\boldsymbol{K}-\boldsymbol{K}')$을 알고 있으면, 새로운 위상 $\varphi(\boldsymbol{K})$가 구해진다. 이렇게 하여 조금씩 알고 있는 위상을 넓혀 나가면, 최후에는 모든 위상이 구해지게 되는 것이 분명하다.

이 식은 간단하지만, 실제로 적용하여 보면 대부분의 결정에서 해석에 성공하지 못했었다. 이유는, 합 중에서 1개의 항만이 매우 크다고 하는 (4.10)식이 성립하지

않기 때문이었다. 이 식 이외에도 수많은 위상관계식이 제안되었다. 그러나 어떤 식도 기대한 만큼의 성과는 얻지 못하고, 1960년대가 되어서는 직접법의 연구 자체가 완전히 자취를 감추어 버렸다. 그런데 1966년에 칼(Karle) 부부에 의해, 직접법이 성공하는 열쇠는 관계식의 사용 방법에 있다고 하는 획기적인 논문이 발표되었다(칼럼 참조). 그리고 그 관계식이란, 기본적으로는 세이야 방정식과 똑같았다. 직접법은 1950년대로부터 발전해 온 것이지만, 현재의 직접법은 실제로는 이 논문으로부터 발전했다고 말해도 괜찮다. 특별히 그러한 발전의 열쇠가 있었는지를 설명하기 전에, 직접법을 사용하는 데 있어서 몇 가지 준비를 할 필요가 있다.

4.1.2 윌슨 통계

실측한 회절강도로부터 얻어지는 구조인자를 $F_o(\boldsymbol{K})$라고 하면, 이의 크기는 실험 조건에 따라 다르기 때문에, 참 구조인자 혹은 (4.3)식의 구조인자에 맞추기 위해서는 보정하지 않으면 안 된다. 그래서,

$$CF_o(\boldsymbol{K}) = F(\boldsymbol{K}) \tag{4.13}$$

이라 한다. 이 보정계수 C 를 **척도인자**(scale factor)라고 말한다. (4.3)식에는 온도에 의한 원자의 열운동의 효과 (U_j)가 들어 있지 않기 때문에, 이것도 포함하여 $F_o(\boldsymbol{K})$를 나타내면,

$$F_o(\boldsymbol{K}) = \frac{1}{C}\sum_{j=1}^{n} f_j(\boldsymbol{K})\exp\left(\frac{-8\pi^2 U_j \sin^2\theta}{\lambda^2}\right)\exp(2\pi i\boldsymbol{K}\cdot\boldsymbol{r}_j) \tag{4.14}$$

가 된다. 여기서, $\sin^2\theta/\lambda^2$이 일정한 영역에서 $|F_o(\boldsymbol{K})|^2$의 평균치 $<|F_o(\boldsymbol{K})|^2>$을 구해 본다.

$$<|F_o(\boldsymbol{K})|^2> = \frac{1}{C^2} < [\sum_j f_j(\boldsymbol{K})^2 + \sum_j\sum_j{}' f_j f_j{}' \exp\{2\pi i\boldsymbol{K}(\boldsymbol{r}_j - \boldsymbol{r}_j{}')\}] >$$
$$\times \exp\left(-16\pi^2 <U> \frac{\sin^2\theta}{\lambda^2}\right) \tag{4.15}$$

이때, 각 원자의 온도인자 U_j는 평균치 $<U>$로 근사하고 있다.

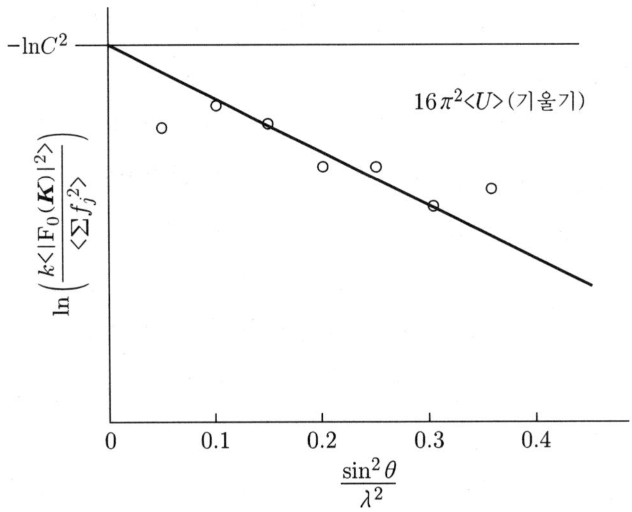

그림 4.3 윌슨 프로트에 의한 온도인자와 척도인자 관계

평균하면, [ ] 내의 제2항은 0이 되기 때문에,

$$<|F_o(\boldsymbol{K})|^2> = \frac{1}{C^2} < \sum_j f_j(\boldsymbol{K})^2 > \times \exp\left(-16\pi^2 < U > \frac{\sin^2\theta}{\lambda^2}\right) \tag{4.16}$$

이 된다. $< \sum_j f_j(\boldsymbol{K})^2 >$는 $\sin^2\theta/\lambda^2$의 일정 영역의 중간의 $\sin\theta/\lambda$에서의 각 원자의 f_j값으로부터 계산한다.

$$\frac{<|F_o(\boldsymbol{K})|^2>}{<\sum_j f_j(\boldsymbol{K})^2>} = \frac{1}{C^2} \times \exp\left(-16\pi^2 < U > \frac{\sin^2\theta}{\lambda^2}\right) \tag{4.17}$$

이 되기 때문에, 양변에 자연로그를 취하면,

$$\ln\frac{<|F_o(\boldsymbol{K})|^2>}{<\sum_j f_j(\boldsymbol{K})^2>} = -\ln C^2 - 16\pi^2 < U > \frac{\sin^2\theta}{\lambda^2} \tag{4.18}$$

로 나타낼 수 있다. $\sin^2\theta/\lambda^2$을 몇 개의 영역으로 나누어, 각각의 영역 내에서 실험치 $|F_o(\boldsymbol{K})|^2$을 평균한 값으로부터 $\ln\left[<|F_o(\boldsymbol{K})|^2> / <\sum_j f_j(\boldsymbol{K})^2>\right]$을 계산하여, 그림 4.3처럼 $\sin^2\theta/\lambda^2$에 대해서 프로트하여, 평균의 직선을 그리면, 그의 기울기로부

터 $16\pi^2 < U >$가 얻어지고, 그의 절편으로부터 $-\ln C^2$이 얻어진다. 이렇게 하여, 척도인자와 평균의 온도인자를 계산하여 실험치 $F_o(\boldsymbol{K})$로부터 참값 $F(\boldsymbol{K})$를 구하는 방법을, 고안자의 이름을 따서 **윌슨통계**(Wilson statistics)라고 부르고 있다.

4.1.3 규격화 구조인자

구조인자의 크기는 들어 있는 원자의 전자수에 의존하기 때문에, 원자 번호가 큰 원자를 갖는 경우와 많은 수의 원자를 갖는 경우는 당연히 큰 값을 갖는다. 이러한 이유로 결정에 따라서 계산식의 절대값이 달라져서 불편하기 때문에, 어떠한 결정이라도 비슷한 값이 되도록 구격화해 놓으면 편리하다. $F(\boldsymbol{K})$를 역격자 공간 전체에서 평균한 평균값을 $< F(\boldsymbol{K}) >$라고 하면, 다음과 같다.

$$\begin{aligned} < |F(\boldsymbol{K})|^2 > &= \left\langle \left[\sum_{j=1}^{n} f_j(\boldsymbol{K})^2 + \sum_j \sum_j{}' f_j f_j{}' \exp\{2\pi i \boldsymbol{K} \cdot (\boldsymbol{r}_j - \boldsymbol{r}_j{}')\} \right] \right\rangle \\ &= \left\langle \sum_{j=1}^{n} f_j(\boldsymbol{K})^2 \right\rangle \end{aligned} \tag{4.19}$$

그래서 $F(\boldsymbol{K})$를 이의 평균값으로 나눈 값을 **규격화 구조인자**(normalized structure factor) $E(\boldsymbol{K})$라고 말한다.

$$E(\boldsymbol{K}) = \frac{F(\boldsymbol{K})}{< F(\boldsymbol{K}) >} = \frac{F(\boldsymbol{K})}{(< \sum f_j(\boldsymbol{K})^2 >)^{1/2} \varepsilon(\boldsymbol{K})} \tag{4.20}$$

여기서, $\varepsilon(\boldsymbol{K})$은 공간군의 대칭에 따라 정해지는 값이다. 예를 들어 단사정계에서, 통상의 구조인자는 $F(hkl)$과 $F(h\bar{k}l)$인 2개가 존재하지만, $F(h0l)$의 구조인자는 1개뿐이기 때문에 통계가 달라진다. 그래서, $F(h0l)$이 1/2이 되도록, $\varepsilon(h0l)$을 0.5라고 하고 있다. 이 규격화 구조인자의 제곱의 평균값은

$$< |E(\boldsymbol{K})|^2 > = 1 \tag{4.21}$$

이 되기 때문에, 어떠한 결정이라도 동일하게 취급하는 일이 가능하다.

4.1.4 대칭심 유무의 판정

$|E(\boldsymbol{K})|$의 값은, 결정 중에 들어 있는 원자의 종류 및 개수에 관계가 없고, $\varepsilon(\boldsymbol{K})$로 조정하기 때문에, 대칭심의 유무를 제외하면, 공간군에도 관계가 없다. 이것을 이용하여, $|E(\boldsymbol{K})|$의 분포로부터 대칭심의 유무를 판별할 수 있다. 표 4.1에서 보는 것처럼 평균값 $<|E(\boldsymbol{K})|^2>, <|E(\boldsymbol{K})^2-1|>, <|E(\boldsymbol{K})|>$의 값과, $|E(\boldsymbol{K})|$의 강도분포는, 대칭심을 갖는 경우와 대칭심을 갖지 않는 경우가 다르다. 이 분포를 계산하여 이 표의 값과 비교한다. 단, 거짓 대칭이 있는 경우와 구조가 특수한 경우에는 반드시 정확한 것은 아니기 때문에, 대강의 기준으로 삼는 것이 좋다.

표 4.1 $|E|$의 이론 분포

	대칭심이 있는 경우	대칭심이 없는 경우
$<\|E(K)\|>$	0.798	0.886
$<\|E(K)\|^2>$	1.000	1.000
$<\|E(K)\|^2-1>$	0.968	0.736
$\|E(K)\| \geq 0.5$	0.617	0.779
$\|E(K)\| \geq 1$	0.317	0.368
$\|E(K)\| > 1.5$	0.134	0.105
$\|E(K)\| > 2$	0.045	0.018
$\|E(K)\| > 3$	0.003	0.0001

4.1.5 원점의 지정

구조인자 $F(\boldsymbol{K})$의 위상은, 단위포의 원점을 어떻게 취하는지에 따라 변화한다. 그 때문에, 위상을 결정하기 전에 원점을 지정해 놓을 필요가 있다. 그림 4.4에 대칭심만 갖는 $P\bar{1}$의 공간군 격자를 그려 놓았다. 원점에 대칭심이 있으면, 어느 축 방향으로 1/2병진하더라도 그곳에 대칭심이 존재한다. 원점 O로부터 (x_j, y_j, z_j)에 있는 원자는, a축 방향으로 1/2병진한 O'을 원점으로 취하면, $(x_j-1/2, y_j, z_j)$가 된다. 그러면 구조인자는 다음 식으로 나타낼 수 있다.

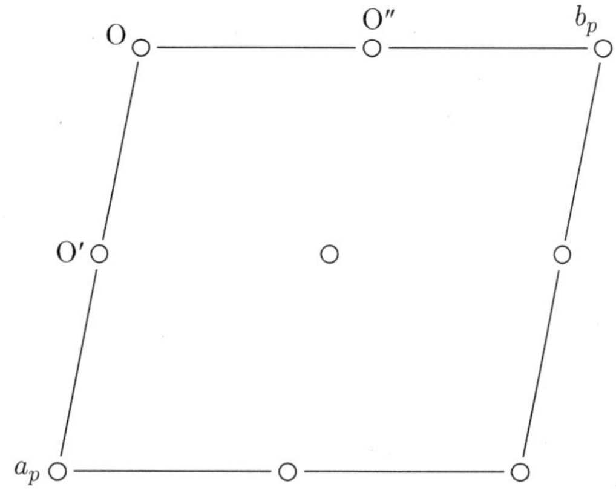

그림 4.4 대칭심을 갖는 단위포. 중간에도 반드시 대칭심이 존재한다.

$$F'(hkl) = \sum_j f_j \exp\{2\pi i(hx_j + ky_j + lz_j)\}\exp(-\pi ih)$$
$$= F(hkl)\exp(-\pi ih) \tag{4.22}$$

이 식으로부터, h가 짝수일 때는 원점이 O이든 O'이든 똑같지만, 홀수일 때는 원점이 O와 O'에서는 부호가 반대로 된다. 따라서, h의 지수가 홀수인 구조인자의 부호를 +라고 하면 원점 O를, −라고 하면 원점 O'을 지정하게 되는 것이 된다. 같은 방법으로, k가 홀수인 구조인자의 어떤 것의 부호가 + 또는 −로 정해지면 b축 방향에서 O 또는 O''을 정한 것이 되고, l이 홀수인 구조인자의 어떤 것의 보호를 + 또는 −로 정해지면 c축 방향에서 O 또는 O'''의 원점을 정한 것이 된다. 따라서, 적어도 h,k,l의 어느 하나가 홀수인 구조인자 3개의 부호를 정할 수 있으면, 원점으로부터 1/2병진한 대칭심의 어느 하나를 원점으로 지정한 것이 된다.

대칭심을 갖지 않는 경우에도 원점의 지정이 필요하다. 그림 4.5에 보이는 $P1$ 공간군에서는, a, b, c축 어떤 방향에서도 어떤 위치에 원점을 잡아도 괜찮다. 그래서, 원점 O로부터 a축 방향으로 Δx만큼 이동한 점 O'에 원점을 옮겨 본다. 그러면,

$$F'(hkl) = \sum_{j=1}^{n} f_j \exp\{2\pi i(hx_j + ky_j + lz_j)\}\exp(-2\pi ih\Delta x)$$
$$= |F(hkl)|\exp[i\{\varphi(hkl) - 2\pi h\Delta x\}] \tag{4.23}$$

이 되고, 모든 구조인자의 위상이 $2\pi h\Delta x$만큼 변화한 것에 해당한다. 예를 들어 h가

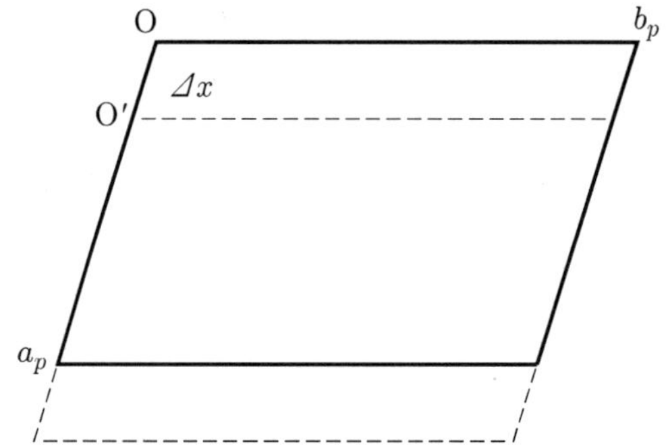

그림 4.5 대칭심을 갖지 않는 단위포. 원점이 Δx 움직이면 위상이 변화한다.

1인 구조인자에서 위상각을 $\pi/4$ 옮긴 것은, Δx를 1/8 이동한 것에 해당한다. 이처럼, h, k, l이 독립인 3개의 구조인자의 각각에 대해서 0부터 2π까지의 임의의 값을 부여함으로써, 원점이 지정되어지게 된다. 공간군이 $P2_1$인 경우는, a, c축에 대해서는 반주기마다 2_1나선축이 있기 때문에, 어떤 나선축을 원점에 일치시킬지를 지정하기 위해서, h와 l이 홀수인 구조인자에 대해서 각각 +부호(위상각 0) 또는 −부호(위상각 π)를 할당한다. 2_1나선축 방향의 b축에 대해서는 원점을 어디에 놓아도 괜찮기 때문에, h가 0이 아닌 구조인자의 임의의 것에 적당히 위상을 할당하면 된다.

4.1.6 위상관계식

세이야 방정식을 규격화 구조인자로 나타내면,

$$E(\boldsymbol{K}) = C\sum_{\boldsymbol{K}'} E(\boldsymbol{K}')E(\boldsymbol{K}-\boldsymbol{K}') \tag{4.24}$$

가 되고, 이 식으로부터 다음 식이 유도된다.

$$|E(\boldsymbol{K})|\exp\{i\varphi(\boldsymbol{K})\} = C\sum_{\boldsymbol{K}'}|E(\boldsymbol{K}')E(\boldsymbol{K}-\boldsymbol{K}')| \times \exp[i\{\varphi(\boldsymbol{K}')+\varphi(\boldsymbol{K}-\boldsymbol{K}')\}] \tag{4.25}$$

$$|E(\boldsymbol{K})|\cos\{i\varphi(\boldsymbol{K})\} = C\sum_{\boldsymbol{K}'}|E(\boldsymbol{K}')E(\boldsymbol{K}-\boldsymbol{K}')| \times \cos\{\varphi(\boldsymbol{K}')+\varphi(\boldsymbol{K}-\boldsymbol{K}')\} \tag{4.26}$$

$$|E(\boldsymbol{K})|\sin\{\varphi(\boldsymbol{K})\} = C\sum_{\boldsymbol{K}'}|E(\boldsymbol{K}')E(\boldsymbol{K}-\boldsymbol{K}')| \times \sin\{\varphi(\boldsymbol{K}')+\varphi(\boldsymbol{K}-\boldsymbol{K}')\} \tag{4.27}$$

따라서 (4.26)식과 (4.27)식으로부터,

$$\tan\{\varphi(\boldsymbol{K})\} = \frac{\sum_{\boldsymbol{K}'}|E(\boldsymbol{K}')E(\boldsymbol{K}-\boldsymbol{K}')|\sin\{\varphi(\boldsymbol{K}')+\varphi(\boldsymbol{K}-\boldsymbol{K}')\}}{\sum_{\boldsymbol{K}'}|E(\boldsymbol{K}')E(\boldsymbol{K}-\boldsymbol{K}')|\cos\{\varphi(\boldsymbol{K}')+\varphi(\boldsymbol{K}-\boldsymbol{K}')\}} \tag{4.28}$$

이 된다. 이 식을 **tangent식**(tangent formula)이라 부르고 있다.

그런데 tangent식을 사용할 때에는, 미리 수많은 구조인자($E(\boldsymbol{K}')$ 및 $E(\boldsymbol{K}-\boldsymbol{K}')$의 위상각)의 위상을 알고 있지 않으면 계산이 불가능하다. 앞에서 설명한 것처럼, 원점을 지정하기 위해서 최고 3개의 구조인자에 위상을 할당하게 되는데, 그 외의 구조인자의 위상은 해석하기 시작할 때는 미지인 상태이다. 그래서 $|E(\boldsymbol{K})|$가 큰 몇 개의 구조인자의 위상을 가정하게 된다. 위상각이 0 또는 π 중 어느 하나를 갖는 구조인자에서는 이 중 하나를, 위상각이 임의의 값을 취하는 구조인자에는 $\pm\pi/4$, $\pm 3\pi/4$를 할당해 본다. 그렇게 하여, 위상각이 0 또는 π인 구조인자 m개의 위상과, 위상각이 $\pm\pi/4$ 또는 $\pm 3\pi/4$인 구조인자 n개의 위상을 가정하면, 그의 조합은 $2^m 3^n$가지가 된다. 통상은 수십 개의 구조인자의 위상을 가정한다. 이들의 가정한 위상과 원점 지정 등으로 미리 알고 있는 위상을 사용하여, tangent식으로 $E(\boldsymbol{K})$의 위상각을 계산한다. 최초는 tangent식의 계산에 들어 있는 미리 알고 있는 위상 $\sum E(\boldsymbol{K}')E(\boldsymbol{K}-\boldsymbol{K}')$항의 수가 적기 때문에, 계산된 $E(\boldsymbol{K})$값은 참값으로부터는 떨어져 있으나, 이 $E(\boldsymbol{K})$를 미리 알고 있는 위상을 갖는 구조인자 그룹에 넣어서, tangent식을 사용하여 다음의 $E(\boldsymbol{K})$ 위상을 계산하는 조작을 반복해 가면, 최종적으로는 모든 $E(\boldsymbol{K})$의 위상이 계산되어진다. 또 이미 알고 있는 위상이라고 되어 있는 $E(\boldsymbol{K})$의 위상도, tangent식으로 계산하면, 각각의 $E(\boldsymbol{K})$의 위상도 정리해 준다. 이 조작에서 가정한 초기 위상의 조합의 1개가 구해졌기 때문에, 다음의 조합에 대해 계산한다. 이 조합의 수는 $2^m 4^n$가지가 있기 때문에 막대한 계산을 해야 되고, 최초의 조합으로부터 순서대로 착실하게 시작하면, 대형 컴퓨터일지라도 여러 시간을 필요로 하는 엄청난 계산량이 된다. 실제는, 초기 위상값의 조합을 몬테카로법과

같이 랜덤하게 선택하여 계산하면, 바른 해에 도달할 때까지의 조합의 수는 놀랄 정도로 작아져서 완료된다.

4.1.7 바른 해 판정의 기준

각각의 조합으로 위상을 계산했을 때, 그 조합이 바른 해인지를 판정하는 수단으로, 몇 가지 방법이 제안되어 있으나, 가장 잘 사용되는 기준은 R_E값이다. 먼저 $E(\boldsymbol{K})$의 계산값, $E_c(\boldsymbol{K})$를 다음의 식으로 정의한다.

$$E_c(\boldsymbol{K}) = \left[<|E(\boldsymbol{K}')E(\boldsymbol{K}-\boldsymbol{K}')|\cos\{\varphi(\boldsymbol{K})+\varphi(\boldsymbol{K}-\boldsymbol{K}')\}>^2 + <|E(\boldsymbol{K}')E(\boldsymbol{K}-\boldsymbol{K}')|\sin\{\varphi(\boldsymbol{K})+\varphi(\boldsymbol{K}-\boldsymbol{K}')\}>^2 \right]^{1/2} \quad (4.29)$$

실측한 규격화 구조인자를 $E_o(\boldsymbol{K})$라고 하면, $E_c(\boldsymbol{K})$와의 일치 정도, R_E를 다음 식으로 정의한다.

$$R_E = \frac{\sum_K ||E_o(\boldsymbol{K})| - C|E_c(\boldsymbol{K})||}{\sum |E_c(\boldsymbol{K})|} \quad (4.30)$$

물론 R_E가 작을 수록 좋다. C는 보정인자로서,

$$C = \frac{\sum_K |E_o(\boldsymbol{K})|}{\sum_K |E_c(\boldsymbol{K})|} \quad (4.31)$$

이다. 초기 위상값의 각 조합에 대해서, 위상계산이 수렴한 시점에 R_E를 계산하고, 그 앞의 조합보다 작아졌을 때, 그때의 위상값을 남겨 놓고, 다음의 조합을 계산한다. 그것까지의 조합에 비해서 R_E값이 의미가 있을 정도로 작아졌을 때, 바른 해가 얻어질 가능성이 높다.

바른 해라고 생각되는 위상값을 사용하여, $E(\boldsymbol{K})$를 계수로 한 푸리에 급수를 계산한다.

$$\rho_E(x,y,z) = \frac{1}{V}\sum_{-\infty}^{+\infty}\sum_{-\infty}^{+\infty}\sum_{-\infty}^{+\infty} E(hkl)\exp\{-2\pi i(hx+ky+lz)\} \quad (4.32)$$

여기 $\rho_E(x, y, z)$를 **$\boldsymbol{E}$-맵**(E-map)이라 말한다. $E(\boldsymbol{K})$는 원자가 결정 내 원자의 평균 전자수를 갖는 점원자의 구조인자를 나타내고 있기 때문에, 원자의 위치를 정하는 것뿐이라면 $F(\boldsymbol{K})$를 계수로 하는 전자밀도보다 우수하다. 이 E-맵 중에서 분자구조를 찾아낼 수 있다면, 바른 해가 얻어진 것이 된다. R_E가 작아도 반드시 바른 해라고는 말할 수 없기 때문에, 다음으로 작은 R_E를 갖는 조합의 E-맵을 계산한다.

컴퓨터의 발전에 의해서, 초기 위상을 가정하는 구조인자의 수를 크게 하여 많은 조합으로부터 위상값을 계산할 수 있게 되고, 또한 유력한 바른 해를 판정하는 기준이 고안되어지면서, 비교적 단 시간 내에 구조해석에 성공할 수 있게 되었다. 당초에 직접법은 작은 분자의 결정의 해석법으로 알려졌었으나, 최근에는 단백질 결정에도 적용 가능하게 되었다.

직접법을 발전시킨 카알 부부

직접법은 제2차 대전 후에 실험 장치를 잃은 많은 결정학자에게 아주 좋은 연구 목표였다. 1950년부터 1960년까지 10년간이 특히 활발해서, 약 200여 개의 논문이 발표되었다. 세이야 방정식이 발표된 것은 1952년이지만, 그 다음 해인 1953년에는 카알(J.Karle)과 하우프트만(H.A.Hauptman)의 공저로 미국결정학회로부터 "Solution of the Phase Problem. I. The Centrosymmetric Crystal"이 출판되었다. 이 두 사람은 대학 학부 시절 뉴욕 시립대학 물리학과 동기생으로, 카알은 시카고 대학에서 전자선 회절을 연구해 학위를 취득하고, 하우프트만은 메릴랜드 주립대학에서 수학이론으로 학위를 취득했다. 대학원 수료 후 맨해튼 계획에 참여해, 두 사람 모두 워싱턴에 있는 해군연구소의 연구원이 되었으나, 참가했을 때는 이미 전쟁이 끝났었다. 그들의 책은 직접법에 대한 수학적인 개념을 확립한 점에서는 높이 평가된다. 그러나 매우 난해한 내용이어서, 이 논문의 내용과 중복하는 논문이 그 후 꽤 많이 발표되었다. 그들의 내용 중 가장 중요한 부분은, 그들이 Σ_2식이라고 명명한 세이야 방정식이었다. 따라서, 위상결정이 가능했을까 하는 점에서는 그다지 유효하지 않았다. 1960년이 되면, 결정학에는 켄드류와 페르츠에 의해 개발된 단백질 결정해석이라는 새로운 지평이 열려, 많은 결정 연구자는 단백질의 해석에 참여했기 때문에, 직접법의 연구는 급속히 위축되어 버리고 말았다. 저자가 X선해석을 시작한 1964년경에는, 직접법에 관한 논문은 거의 볼 수 없었다.

이 상황을 크게 바꾼 것은, 이사벨라 카알(Isabella Karl)과 제롬 카알(Jerome Karle) 부부였다. 이사벨라는 시카고 대학 대학원 시절에 제롬과 같은 연구실에서, 역시 전자선 회절로 학위를 취득했다. 그 후 10년간은 육아 문제로 바빴으나, 1960년쯤부터 제롬의 해군연구소에서 X선해석 연구를 시작했다. 제롬은 이즈음 전자선 회절 연구에도 매진하고 있었으나, 이사벨라는 직접법을 이용한 구조해석을 시작했다. 부부의 아이디어는, 세이야 방정식 혹은 카알과 하우프트만의 Σ_2식인, $F(\boldsymbol{K}) = \sum_{K'}\{F(\boldsymbol{K'})F(\boldsymbol{K}-\boldsymbol{K'})\}$ 식에서, 합 안의 1항만이 특별히 크므로 그 밖의 것은 무시한다고 하는 난폭한 가정을 개량했다. 최초에 미지의 위상 몇 개를 먼저 기호로 치환하여 기호의 합산을 해 놓고, 상당히 많은 구조인자의 위상이 기호로 나타내어진 단계에서, 기호 사이의 관계식을 끌어내어, 기호의 실제 값을 추정하고자 하는 것이었다. 이 방법은 기호의 합산을 하기 때문에 기호 합의 방법이라고 불리고 있다. 최초에는 연 1, 2개의 보고가 있었지만, 1960년대 중반에는 연 5, 6개나 보고되고, 불가능하다고 여겨졌던 대칭심을 갖지 않는 결정의 구조해석에 성공하게 되기에 이르렀다. 그 방법론이 주목받게 된 1966년, 그 방법을 정리한 논문이 보고되었다. 이 논문은 세계의 결정 연구자에게 충격을 안겨주었다. 저자도 즉시 시행해 보니, 석사과정 2년간 겨우 1개 결정의 구조해석에 성공했던 것이, 직접법을 사용하여 수일 내에 해석할 수 있었었다. 단, 기호 합의 방법은 매우 번거로우며, 결정학에 대한 상당히 깊은 지식을 필요로 한다. 이사벨라의 강한 인내심이 이 방법의 성공을 가져왔다고 생각할 수 있다.

그 후, 영국의 울프슨(M.Woolfson)이, 이 장에서 설명한 다중해법을 제안했다. 이 방법은 잡다한 계산이 아주 많지만, 번거로운 계산이 모두 컴퓨터에 의해 이루어진다는 점에 특징이 있다. 그 때문에 결정학의 지식이 없어도 해석이 가능하게 되어, X선해석법의 보급에는 크게 공헌하게 되었다. 실제로, 그때까지 연간 1000건 정도의 해석 결과가 보고될 뿐이었지만, 연간 10000건의 해석이 보고되게 되었다. 최근에는 연간 수만건의 보고가 이뤄지고 있다. 또, 최근에는 쉘드릭(G.Sheldrick)에 의한 SHELXS 및 지아코바쪼(C.Giacovazzo)에 의한 SIR 등의 우수한 프로그램이 사용되고 있다.

이 공적으로, 1985년에 제롬 카알과 하우프트만에게 노벨 화학상이 수여되었다. 그러나 저자는, 이사벨라 카알의 역할이 실제로는 가장 큰 것이었다고 생각하고 있다.

4.2 페터슨 법

실측한 회절강도로부터 전자밀도를 구하기 위해서는 위상이 필요하고, 위상관계식을 사용하여 이 위상을 구하는 것이 직접법이다. 그러나 역으로, 실측값으로부터 얻어지는 $|F(hkl)|^2$을 $F(hkl)$ 대신에 푸리에 급수로서 사용하면 무엇이 얻어지는가에 대한 것도 흥미있는 문제이다. 이 문제를 풀어서 새로운 해석법으로서 제안한 것은 페터슨(A. Patterson)이다. $|F(hkl)|^2$을 계수로 하여 푸리에 변환한 함수를 제안자의 이름을 따서, **페터슨 함수**라고 부르고 있다.

$$P(x,y,z) = \frac{1}{V}\sum_{-\infty}^{+\infty}\sum_{-\infty}^{+\infty}\sum_{-\infty}^{+\infty}|F(hkl)|^2\exp\{-2\pi i(hx+ky+lz)\} \tag{4.33}$$

이 합은, h, k, l이 $-\infty$에서 $+\infty$까지이지만, $|F(\overline{h}\,\overline{k}\,\overline{l})|^2 = |F(hkl)|^2$이므로,

$$P(x,y,z) = \frac{2}{V}\sum_{h=0}^{+\infty}\sum_{k=0}^{+\infty}\sum_{l=0}^{+\infty}|F(hkl)|^2\cos\{2\pi(hx+ky+lz)\} \tag{4.34}$$

라고 나타낼 수 있다.

그런데, 단위포 내 임의의 원자의 좌표를 $\boldsymbol{r}$이라 하고, 이 원자로부터 $\boldsymbol{u}$만큼 떨어진 원자와의 원자 간 벡터의 집합을 $Q(\boldsymbol{u})$라고 하면, $Q(\boldsymbol{u})$는 다음 식으로 나타낼 수 있다.

$$Q(\boldsymbol{u}) = \int_{V_K}\rho(\boldsymbol{r})\rho(\boldsymbol{r}+\boldsymbol{u})\,Vdv_{\boldsymbol{K}} \tag{4.35}$$

$Q(\boldsymbol{u})$는 원자가 $\boldsymbol{r}$과 $\boldsymbol{r}+\boldsymbol{u}$에 있을 때 큰 값을 갖는다. 이 식의 $\rho(\boldsymbol{r})$에 (2.50)식을 대입하면,

$$\begin{aligned} Q(\boldsymbol{u}) = \int_r \frac{1}{V}\int_{V_K} & F(\boldsymbol{K})\exp\{-2\pi i(\boldsymbol{K}\cdot\boldsymbol{r})\}dv_{\boldsymbol{K}} \\ & \times\frac{1}{V}\int_{\boldsymbol{K}'}F(\boldsymbol{K}')\exp\{-2\pi i(\boldsymbol{K}'\cdot\boldsymbol{r})\}dv_{\boldsymbol{K}'} \\ & \times\exp(-2\pi i\boldsymbol{K}\cdot\boldsymbol{u})\,Vdv_{\boldsymbol{K}} \end{aligned} \tag{4.36}$$

이 된다. 이 적분은, $\boldsymbol{K}=-\boldsymbol{K}'$일 때만 값을 갖기 때문에,

$$Q(\boldsymbol{u}) = \frac{1}{V}\int_{V_K} |F(\boldsymbol{K})|^2 \exp(-2\pi i \boldsymbol{K} \cdot \boldsymbol{u}) dv_{\boldsymbol{K}} \tag{4.37}$$

이 된다. 이어서 적분을 합으로 바꿔서, $\boldsymbol{u}$을 규격화좌표 (x,y,z)로 나타내면,

$$Q(x,y,z) = \frac{1}{V}\sum_{-\infty}^{+\infty}\sum_{-\infty}^{+\infty}\sum_{-\infty}^{+\infty}|F(hkl)|^2 \exp\{-2\pi i(hx+ky+lz)\} \tag{4.38}$$

이 되고, $Q(x,y,z)$는 페터슨 함수 $P(x,y,z)$와 일치한다. 즉 페터슨 함수는 원자 간 벡터의 집합으로, 단위포 내에서 원자 간 벡터에 대응하는 위치에 피크를 갖게 된다.

4.2.1 중원자법

페터슨 함수의 특징은, 벡터의 방향을 거꾸로 취하는 것도 가능하기 때문에 반드시 대칭심이 존재한다는 것과, 피크의 높이는 벡터를 구성하는 2개 원자의 전자수의 곱에 비례한다는 점에 있다. 따라서, 전자수가 많은 중원자 간의 피크가 매우 커지게 되고, 탄소, 질소, 산소 등의 가벼운 원자끼리의 피크는 별로 크게 나타나지 않는다. 이 성질을 이용하면, 중원자를 1개 또는 2개 포함하는 분자에서 그 중원자끼리의 원자 간 벡터가 큰 피크를 형성하기 때문에, 중원자의 위치만은 쉽게 정해진다.

예를 들어, $P\bar{1}$의 공간군에서, 1개의 중원자를 갖는 분자가 있고, 그의 좌표를 (x,y,z)라고 하면, 대칭심에 의해 연결되는 좌표 $(\bar{x},\ \bar{y},\ \bar{z})$에도 원자가 있기 때문에, 그의 2개 원자 간 벡터에 대응해서, 페터슨 함수로는 $(2x,\ 2y,\ 2z)$의 장소에 높은 피크가 반드시 있게 되어, 이 피크의 좌표로부터 중원자의 좌표가 결정되어진다.

공간군의 대칭이 높게 되면, 보다 유리한 점을 생각할 수 있다. 공간군이 $P2_1/c$인 경우는,

$$(x,y,z);\ (-x,-y,-z);\ \left(-x,\frac{1}{2}+y,\frac{1}{2}-z\right);\ \left(x,\frac{1}{2}-y,\frac{1}{2}+z\right)$$

인 4개의 등가 위치가 있다. 원자는 이 대칭조작으로 옮겨진 곳에 반드시 있기 때문에, 이 대칭으로 옮겨진 원자 사이의 벡터가 존재할 것이다. 이것들을 고려하면,

$$(2x, 2y, 2z);\ \left(-2x, \frac{1}{2}, \frac{1}{2}-2z\right);\ \left(0, \frac{1}{2}-2y, \frac{1}{2}\right)$$

에 원자 간 벡터의 피크가 있다. 원점 근방에 첫 번째 피크가 있다. 또 $y=1/2$인 면상에 두 번째 피크가 있다. $x=0$, $z=1/2$에 b축에 평행한 선상에 세 번째 피크가 존재한다. 이들 식으로부터, $2x$, $2y$, $2z$의 값이 확실히 구해진다. 이러한 대칭조작의 결과, 어떤 면상 또는 어떤 선상에 나타나는 페터슨 피크를, 제안자의 이름을 따서 **하커 피크**(Harker peak)라고 부른다.

여러 개의 중원자라면 쉽게 그의 좌표가 정해질 수 있다는 것을 이용하여, 중원자를 포함하는 분자의 결정해석에 적용되는 해석법을 **중원자법**(heavy atom nethod)이라 말한다. 구조인자 $F(\boldsymbol{K})$를, 중원자에 의한 기여와 경원자에 의한 기여로 나누어 생각하면,

$$\begin{aligned} F(\boldsymbol{K}) &= F_H(\boldsymbol{K}) + F_L(\boldsymbol{K}) \\ &= \sum_{j=1}^{n_H} f_{H_j} \exp\{2\pi i(\boldsymbol{K}\cdot\boldsymbol{r}_j)\} + \sum_{j=1}^{n_L} f_{L_j} \exp\{2\pi i(\boldsymbol{K}\cdot\boldsymbol{r}_j)\} \end{aligned} \tag{4.39}$$

가 된다. 여기서 제1항이 중원자, 제2항이 경원자에 의한 기여이다. 그림 4.6의 복소평면에 보인 것처럼, $F(\boldsymbol{K})$에 대한 $F_H(\boldsymbol{K})$의 기여는 크기 때문에,

$$\varphi(\boldsymbol{K}) \fallingdotseq \varphi_H(\boldsymbol{K}) \tag{4.40}$$

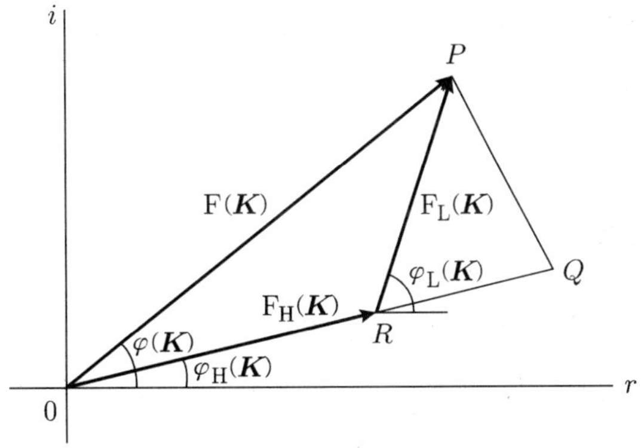

그림 4.6 중원자법의 위상의 근사법

이라 근사해도 된다. 이 근사위상을 실측한 $|F(\boldsymbol{K})|$에 부여하여 전자밀도를 계산하면, 중원자 이외에, 중원자 근방의 경원자가 나타나게 된다. 그래서 새롭게 나타난 경원자도 좌표를 알고 있는 중원자와 마찬가지로 $F_H(\boldsymbol{K})$의 계산에 포함시키면, 그의 위상 $\varphi_H(\boldsymbol{K})$는 참 위상 $\varphi(\boldsymbol{K})$에 가까워지기 때문에, 그의 위상을 $|F(\boldsymbol{K})|$에 부여하여 전자밀도를 계산하면, 아직 남아 있는 경원자가 나타나게 된다. 이러한 조작을 반복하면, 최후에는 모든 원자가 보이게 된다. 이 방법을 **축차 푸리에 법**(successive Fourier method)이라 말한다.

그런데, 경원자의 수가 점점 많아지면, (4.40)식의 근사는 점점 나빠져서, 중원자법을 적용할 수 없게 된다. 이의 한계로서,

$$\gamma = \frac{\sum_{j=1}^{n_H} {Z_{H_j}}^2}{\sum_{j=1}^{n_H} {Z_{L_j}}^2} \tag{4.41}$$

이 제안되어 있으며, 이 값이 1까지면 적용할 수 있는 것으로 생각되어지고 있다. 여기서, Z_{H_j}와 Z_{L_j}는 중원자와 경원자의 전자수이다. C, N, O 원자를 30개 정도 갖는 분자의 경우는, 중원자로서 Br 원자가 1개 들어 있으면 괜찮게 된다.

만약 분자가 중원자를 갖고 있지 않을 때에는, 중원자를 분자의 어딘가에 치환시킨 다음 중원자법을 적용할 수 있다. 그 의미로 중원자법은 직접법과는 달라서, 실험적으로 위상을 결정하는 요인을 도입하여 위상문제를 해결하고자 하는 방법이라고 말할 수 있다. 직접법이 등장하는 1970년 이전까지는, 복잡한 유기화합물의 구조해석은 대부분 중원자법으로 행하여 졌다.

4.2.2 벡터 서치법

중원자를 갖고 있지 않은 경우에도, 분자구조의 일부분 혹은 전체 구조를 알고 있는 결정의 구조해석에도 페터슨 함수를 적용할 수 있다. 왜냐하면, 분자구조의 일부 혹은 전부를 알고 있기 때문에, 이 알고 있는 부분의 벡터 집합을 만들 수 있기 때문이다. 이 벡터 집합은 페터슨 함수 안에 들어 있는 것이 분명하기 때문에, 이

벡터 집합을 병진 및 회전시킴으로서, 페터슨 함수 중에서 가장 일치도가 좋은 곳을 계산으로 찾을 수 있다. 그 위치로부터 미리 알고 있는 부분의 위치를 구할 수 있다. 그림 4.7(a)과 같은 4개의 원자가 있으면, 그림 4.7(b)와 같은 벡터 집합이 만들어진다. 이 집합을 그림 4.8의 페터슨 함수 중에서 찾는 일이 된다. 파선으로 표시한 4개의 점은, 분명하게 원래의 구조를 나타내고 있다.

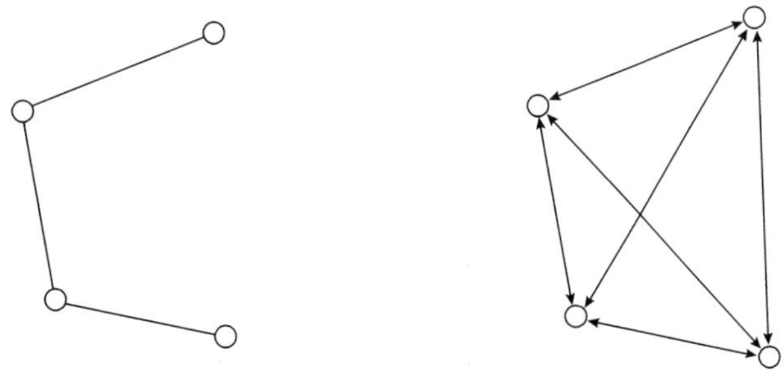

(a) (b)

그림 4.7 벡터 서치법에서 벡터의 조합.
(a) 4개의 원자에 의한 분자구조와 (b) 그의 벡터 조합

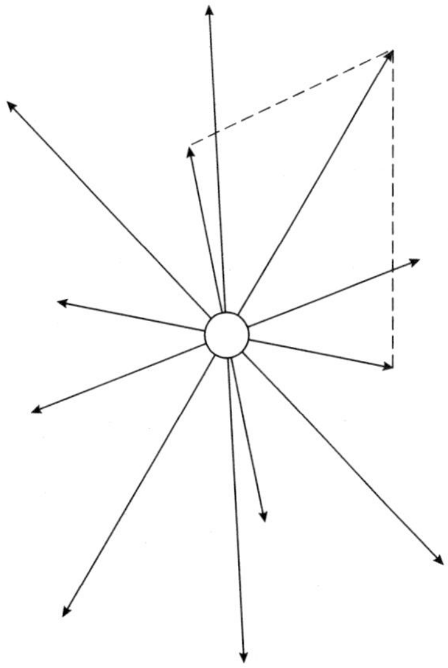

그림 4.8 페터슨 함수의 피크와 4분자의 분자구조 관계

분자의 일부 좌표가 구해진 후는, 중원자법과 마찬가지로, 축차 푸리에 법을 적용하여 나머지 부분의 구조를 찾아낼 수 있다. 이 방법을 **벡터 서치법**(vector search method)이라 말한다. 이 방법은 알고 있는 부분의 원자 좌표를 도입하는 일이 까다로우나, PATSEE라고 부르는 프로그램이 만들어져 있기 때문에, 다른 방법으로 성공하지 못했을 때에 시도해 보면 좋다.

페터슨 함수의 탄생

전자밀도를 계산하는 식에는 구조인자가 계수로 사용되고 있기 때문에 위상문제가 나타나므로, 구조인자의 제곱, 즉 회절강도를 사용하면, 위상문제는 생기지 않는다. 그러나 $F(hkl)^2$을 사용한 푸리에 급수를 계산하면, 어떤 수치가 얻어지는지가 문제이다. 그렇게 생각한 페터슨은, 인근 연구실의 위란드(H.O.Wieland) 교수를 방문했다. 2~3일 후에 들은 교수의 대답은, 본 장에서 설명했던 것처럼, 결정 중의 원자 간 벡터를 나타내는 맵이 가능하다는 것이었다. 그것을 들은 페터슨은 즉각 3개월 후에 개최되는 미국결정학회에, "새로운 해석법에 기반한 결정해석"이라는 테마로 강연을 신청했다. 그리고 나서 3개월간, $F(hkl)^2$을 사용한 푸리에 급수를 계산하여 실제로 복잡한 무기화합물의 구조해석에 성공하여, 학회에 발표했다(1935년). 그 결과가 너무나 충격적이어서, 그 함수에 페터슨의 이름이 붙여졌다.

이 페터슨 함수는 그 후 중원자법으로 발전했다. 이 중원자법으로 복잡한 유기천연화합물의 구조결정에 속속 성공하게 되었다. 복잡한 소쿠리 모양의 분자에 이르면, 화학적으로 분해한 것으로는 원래 구조의 추정이 불가능하고, NMR 및 IR로 추정하는 것도 골격구조의 추정이 곤란하였다. 저자가 조수직을 얻은 것도, 동경공업 대학에 천연물화학연구시설이 창설되어, 그곳에 구조화학 부문이 신설되었기 때문이었다. 그의 하이라이트가, 1972년 국제결정학회에서 일본・미국 연구자로부터 독립하여 보고된 복어 독의 구조결정이다. 그러나, 천연물로부터 간신히 추출되는 유기화합물에 중원자를 도입하려는 합성법은, 연구자에 대단한 노력과 기술을 필요로 하는 일이었다. 게다가, 천연물로부터 추출된 그대로의 화합물은 좋은 결정인데, 중원자를 도입하면 결정이 만들어지지 않는다는 난제가 부담이었다. 그래서, 중원자를 필요로 하지 않는 직접법이 등장해서, 해석법의 주류의 자리를 교대하게 되었다.

패터슨은 이 함수의 아이디어는 위란드 교수에 의한 것이었다고 정직하게 말하고 있었기 때문에 그 성과가 낮게 평가되는 경향이 있으나, 그래도 노벨상을 받아도 당연한 가치가 있다고 저자는 생각하고 있다.

4.3 동형치환법

중원자법은 실험적으로 위상결정의 요인을 도입하여 위상문제를 해결하는 방법으로서 훌륭하지만, 경원자의 수가 압도적으로 많은 단백질 결정의 경우에는, 어떤 중원자를 도입해도 (4.41)식의 γ값이 1에 가까워지기 어렵다. 그런데, 단백질 결정은 결정 중에 60~70 %의 용매인 물을 갖고 있기 때문에, 중원자를 도입해도 용매인 물의 구조가 조금 변할 뿐, 원래 결정과 **동형결정**(isomorphous crystal)인 경우가 많다. 실제로 단백질 결정이 석출하고 있는 모액에 중원자 이온을 첨가하면, 중원자 이온이 단백질의 결정 안으로 침투하여 동형의 중원자를 갖는 결정이 만들어질 수 있다. 이를 이용하여 고분자량 결정의 위상을 구하는 방법을 **동형치환법**(isomorphous replacement method)이라 부르고, 페르츠(M.Perutz)가 단백질 결정의 해석법으로 제안했다(101쪽 칼럼 참조).

단백질 결정의 구조인자를 $F_P(\boldsymbol{K})$, 중원자를 도입한 결정의 구조인자를 $F_{PH}(\boldsymbol{K})$라 하고, 이 중원자 결정의 중원자의 기여 부분을 $F_H(\boldsymbol{K})$라 한다. 단백질 결정과 중원자 결정은 동형이기 때문에,

$$F_{PH}(\boldsymbol{K}) = F_P(\boldsymbol{K}) + F_H(\boldsymbol{K}) \tag{4.42}$$

로 나타낼 수 있다. 이것을 복소평면에 나타내면, 그림 4.9가 된다. 중원자법인 경우와 다르게, $F_P(\boldsymbol{K})$에 비해서 $F_H(\boldsymbol{K})$의 기여는 압도적으로 작다. 여기서,

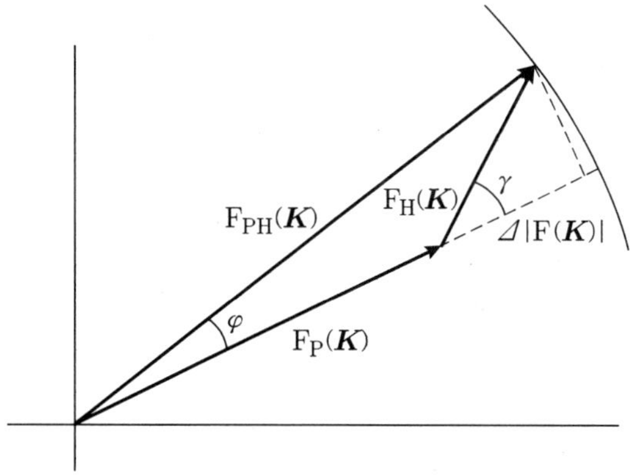

그림 4.9 동형치환법의 경우에 중원자 결정과 단백질 결정의 구조인자의 관계

$$||F_{PH}(\boldsymbol{K})| - F_P(\boldsymbol{K})|^2 = |F_H(\boldsymbol{K})|^2 \cos^2\gamma$$

이 되지만, $< \cos^2\gamma > \fallingdotseq 1/2$이기 때문에,

$$||F_{PH}(\boldsymbol{K})| - F_P(\boldsymbol{K})|^2 \fallingdotseq \frac{1}{2}|F_H(\boldsymbol{K})|^2 \tag{4.43}$$

이 된다. **중원자 결정**(heavy atom crystal)과 **단백질 결정**(native crystal)의 똑같은 지수의 실측 구조인자의 차이의 제곱, $||F_{PH}(\boldsymbol{K})| - F_P(\boldsymbol{K})|^2$을 계수로 하는 페터슨 함수를 계산하면, 중원자의 기여만을 계수로 하는 페터슨 함수를 계산한 것이 되기 때문에, 이 피크 위치로부터 중원자의 위치는 분명 쉽게 구할 수 있을 것이다. 이 좌표로부터 $F_H(\boldsymbol{K})$가 구해지게 된다. 그 결과, $|F_{PH}(\boldsymbol{K})|$와 $|F_P(\boldsymbol{K})|$와 $F_H(\boldsymbol{K})$로부터 그림 4.10과 같은 작도를 해서 위상을 계산할 수 있다.

먼저 원점으로부터 벡터 $F_H(\boldsymbol{K})$를 그린다. 원점을 중심으로 하여 반경 $|F_{PH}(\boldsymbol{K})|$인 원을 그리고, 벡터 $F_H(\boldsymbol{K})$의 선단을 중심으로 하여 반경 $|F_P(\boldsymbol{K})|$인 원을 그린다. 이 원의 교차점이 그림 4.9의 원점에 닿는 곳에 있기 때문에, 단백질 결정의 위상 $\varphi(\boldsymbol{K})$를 쉽게 계산할 수 있다. 일반적으로는 2개의 원이 만나는 점은 2개 있기 때문에, 어느 한쪽은 거짓해이다. 이것을 구별하는 데는, 또 하나 원자의 다른 중원자 결정을 만들어 이 중원자 결정의 $|F_{PH'}(\boldsymbol{K})|$를 같은 방법으로 그리면, 어느 한쪽 점이 바른 해인지 구별할 수 있다. 작은 분자 결정에서는 중원자를 도입하면 결정형이 다르기

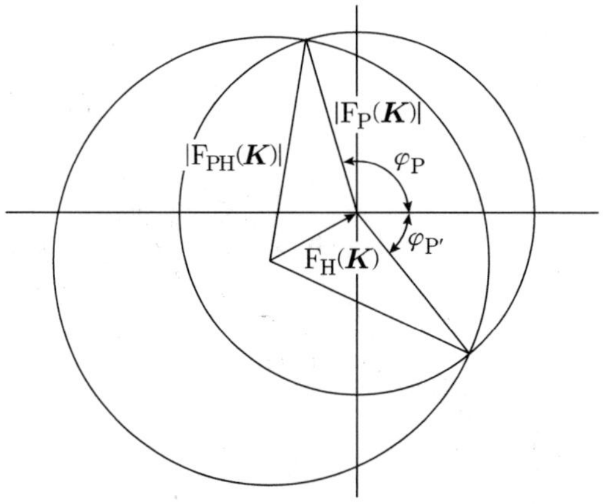

그림 4.10 중원자 만의 위상으로 원래의 단백질 결정의 위상을 구하는 방법

때문에, 이 방법을 적용할 수 없으나, 단백질 결정처럼 대량의 용매인 물을 갖는 결정에서는 중원자를 도입해도 결정형은 거의 변하지 않는다는 결정의 특질을 잘 이용한 방법이다. 최근에는, 유사한 단백질 결정구조가 알려진 경우에는 그 구조를 이용하여 회전 함수법이나, 중원자 이상산란을 이용하여 위상을 결정하는 이상산란법이 개발되어, 동형치환법을 사용하는 경우가 적어지고 있으나, 어떠한 단백질의 해석에도 적용되는 기본적인 방법으로서 중요한 방법이다.

동형치환법의 페르츠와 윌슨 통계

빈 대학을 졸업한 페르츠가, 케임브리지 대학의 캐빈디시 연구소의 바나르(J.D.Bernal) 연구소에 와서, 당시 막 추출된 헤모글로빈의 적색 결정의 X선회절 사진을 찍은 것은 1934년의 일이다. 그 후, 헤모글로빈의 해석이 그의 연구 테마가 되었다. 페터슨 함수는 당연히 알고 있었지만, 수만이나 되는 분자량의 단백질에서, 중원자가 1개 또는 2개 있다고 해서 어떠한 역할도 하지 못할 것이라고 생각하고 있었다. 예를 들어 중원자 H가 1개만 들어 있다고 하면 구조인자는,

$$F(hkl) = f_H \exp\{2\pi i(hx_H + ky_H + lz_H)\} + \sum f_{L_j} \exp\{2\pi i(hx_j + ky_j + lz_j)\}$$

이 되지만, 1000개 이상 있는 제2항의 합과 제1항을 비교하면, 중원자의 원자 산란인자 f_H가 경원자의 원자 산란인자 f_{L_j}의 10배일지라도, 그다지 큰 기여가 있다고는 생각되지 않았던 것이다.

그런데 연구소의 일반 공개가 있어, 그곳에서 페르츠는 X선회절강도의 절대 측정이라는 연구를 소개하게 되었다. 그는 자신이 만든 결정 중에서, 수은을 도입한 결정의 절대 강도 측정을 실제로 하여 보였을 때에, 자기 자신이 그 결과에 충격을 받았다고 한다. 절대 측정을 하였다는 의미는, 위 식의 $F(hkl)$값을 정했다는 뜻이다. 통상은 상대치였기 때문에, 척도인자 C가 정해지지 않으면 위 식의 $F(hkl)$과 비교할 수 없는 것이다. 이 절대치와 수은의 원자 산란인자 f_H를 비교해 보면, 중원자의 기여가 무시할 수 없는 크기라는 것을 처음으로 알게된 것이다. 그렇다면 제2항은 어떤지 말하면, 확실히 항의 수는 많지만, 위상이 제각기 이기 때문에 플러스와 마이너스가 서로 상쇄되어, 합을 취하면 그다지 큰 값을 갖지는 않는다고 말할 수 있다. 본 장에서 설명한 것처럼, 이 결과가 1953년의 동형치환법으로 발전하게 되었다. 이의 5년 후인 1958년에, 페르츠의 제자 캔드류가 이 동형치환법을 이용하여 미오글로빈의 구조해석에 성공하였다. 헤모글로빈은 미오글로빈과 유사한 분자가 4개 들어 있는 큰 분자이기 때문

에, 페르츠는 더욱 고생하였으나, 1964년에 가까스로 구조해석에 성공했다. 최초의 회절 사진으로부터 30년이 지나갔었다. 1962년 캔드류와 페르츠는 노벨 화학상을 받았다.

후년 페르츠 자신이 말하였던 다음과 같은 이야기가 있다. 구조인자의 절대측정을 하지 않았었다면 결코 동형치환법을 생각해 내지 못했겠지만, 절대 측정을 하지 않았어도 척도인자를 어떠한 수단으로 알 수 있었다면, 구조인자의 절대치를 추정하는 일은 가능했을 것이다. 그리고 그 척도인자를 통계적으로 구할 수 있을 것이라고 제안한 것은 윌슨(A.Wilson)으로, 그 윌슨과 페르츠는 그 당시 캐빈디쉬 연구소의 한방에서 두 사람만이 책상을 나란히 하고 있었었다. 물론 페르츠는 옆자리의 윌슨이 하는 일은 알고 있었으나, 확실히 그 일이 자신의 선입관을 깨트리는 핵심을 갖고 있다고는 생각하지 않았었다고 한다. 그래서 몇 년이나 더 해석에 고생을 하게 되었었다.

제자인 캔드류에 단백질 결정의 구조해석에서는 선두를 빼앗겼지만, 헤모글로빈은 미오글로빈에 가까운 구조를 4개 갖는다는 사실이 생물의 진화에 중요한 역할을 한다는 것이 밝혀지게 되었다. 헤모글로빈도 미오글로빈도, 산소를 폐에서 감싸서 체내 조직에 그 산소를 전달하는 역할을 하고 있으나, 4개의 분자가 협동 효과를 함으로써, 헤모글로빈 쪽이 훨씬 높은 효율로 산소를 폐에서 감싸서, 혈액에 운반되어 말단 조직에서 산소를 효율적으로 방출할 수 있게 된다. 이 협동 효과의 정체는 무엇인지에 대한 의문이 다음의 연구 테마가 되어, 패르츠의 연구는 그 후에도 계속되어, 일생을 헤모글로빈의 연구에 바치게 되었다.

연습문제

[1] 대칭심을 갖지 않는 공간군의 원점을 지정하기 위해서는, 임의의 지수를 갖는 구조인자에 0부터 2π까지의 임의의 값을 부여하면 된다. 그 지수 h가 1이 아닐 때에는, $\Delta x+(1/h)$, $\cdots$, $\Delta x+(h-1)/h$의 어느 것인가를 지정한 것뿐이라는 것을 설명하라.

[2] 중원자 Br을 1개 갖는 분자 결정의 공간군은 $P2_1/c$이다. 이 결정의 구조해석을 하기 위해서 페터슨 함수를 계산하여, 다음과 같은 3개의 큰 피크를 찾아낼 수 있었다. 중원자 Br의 좌표를 구하라.

(0.40, 0.30, 0.20); (0.60, 0.50, 0.30); (0.00, 0.20, 0.50)

[3] 비타민 B_{12}는 중심에 코발트 원자를 갖는 착체로, 코발트 원자에 탄소원자가 직결한 분자로써 처음으로 그의 구조가 밝혀진 것으로, 그의 분자식은 $C_{63}H_{88}N_{14}PCo$이다. 이의 γ 값을 계산하여, 중원자법의 한계와 비교하라. 이의 해석에 성공한 호지킨(D.C.Hodgkin)에게 1964년 노벨 화학상이 수여되었다.

[4] 단백질은 간단한 것이라도 탄소 및 질소 및 산소원자를 1000개 이상 갖고 있으므로, 중원자로서 수은을 1개 포함하는 중원자 결정을 만들었다고 하더라도, 6개, 7개, 8개의 전자를 갖는 탄소, 질소, 산소 1000개에 비해서, 겨우 80개의 전자를 갖는 중원자 1개에 지나지 않는다. 구조인자 $F(hkl)=\sum_j f_j \exp\{2\pi i(hx_j+ky_j+lz_j)\}$식을 보면, f_j는 전자수에 비례하기 때문에, 이 식을 보는 한, 구조인자의 크기에 대한 수은의 기여는 무시할 수 있을 정도로 작다고 생각해 버리게 된다. 동형치환법을 고안한 페르츠도 이러한 선입견으로부터 오랫동안 빠져나오지 못했었다고 하는데, 왜 단백질 결정에서는 1개의 수은이 $F(hkl)$의 크기에 의미 있는 기여를 할 수 있는지 설명하라.

5장 강도 데이터의 보정과 구조 모델의 수정

이제까지는, 구조결정을 하기 위해 최소한 필요로 하는 X선회절 이론과 결정의 대칭에 대해서 설명하여 왔다. 이것으로 대체로 결정구조해석은 할 수 있겠지만, 상세한 구조를 얻기 위해서는 조금 더 자세히 회절 현상을 이해해 놓지 않으면 안 된다. 이 장에서는, 위상 결정이 가능하여 전자밀도 계산으로부터 대략적인 구조가 해석되어진 후, 최소 자승법으로 그 구조의 정밀화를 할 때에 필요로 하는 문제점에 대해 설명하려고 한다.

5.1 이방성 열진동

2.11절에서는 원자는 등방적으로 열진동하고 있다고 가정하고 있으나, 원자의 열진동은 분자의 모양에 영향을 받아 일반적으로는 이방성이다. 이 경우에는 열진동을 역공간의 모양으로 표현된 T도 이방적이 된다. 이 이방적인 T는 다음 식으로 나타낼 수 있다.

$$T = \exp\{-2\pi^2(U_{11}h^2(a^*)^2 + U_{22}k^2(b^*)^2 + U_{33}l^2(c^*)^2 + 2U_{23}klb^*c^* + 2U_{13}hla^*c^* + 2U_{12}hka^*b^*)\} \quad (5.1)$$

U_{11}, U_{22}, U_{33}, U_{23}, U_{13}, U_{12}를 **이방성 온도인자**(anisotropic thermal parameter)라고 말한다. 이전에는 식의 모양을 간단하게 하기 위하여 U_{ij}대신에 β_{ij}가 사용되었으나, β_{ij} 나타내면,

$$T = \exp\{-(\beta_{11}h^2 + \beta_{22}k^2 + \beta_{33}l^2 + 2\beta_{23}kl + 2\beta_{13}hl + 2\beta_{12}hk)\} \tag{5.2}$$

로 나타내진다. 원자의 열진동은 이방성 온도인자로 표현하지만, U_{ij}로는 실공간에서의 원자 진동의 정도를 알기 어렵기 때문에, 이방성 온도인자를 평균한 값으로 표시되어지는 경우가 많다. 이 평균한 값을 **등가등방성 온도인자**(equivalent isotropic thermal parameter)라고 말하고, U_{eq}라고 표시한다. 식으로 나타내면 다음과 같다.

$$U_{eq} = \frac{1}{3}\{U_{11}(aa^*)^2 + U_{22}(bb^*)^2 + U_{33}(cc^*)^2 + 2U_{12}a^*b^*\cos\gamma + 2U_{13}a^*c^*ac\cos\beta + 2U_{23}b^*c^*bc\cos\alpha\} \tag{5.3}$$

사방정계, 정방정계, 입방정계인 때는, 각 축은 직교하고 있어, $a^* = (1/a)$, $b^* = (1/b)$, $c^* = (1/c)$이기 때문에,

$$U_{eq} = \frac{1}{3}(U_{11} + U_{22} + U_{33}) \tag{5.4}$$

가 된다.

원자의 위치가 각 단위포 안에서 조금씩 다른 경우도, 회절법으로는 주기 단위로 평균해 버리기 때문에, 전자밀도의 폭의 벌어짐의 형태로 원자 산란인자에 나타나게 된다. 이것은 겉보기에 열진동과 완전히 똑같다. 이처럼, 회절법에서는 평균해서 보이기 때문에, 원자가 1점의 주위에 퍼져 보이는 요인은, 원자가 각각의 단위포 안에서 공간적으로 다른 위치에 분포하고 있는 경우와, 열진동처럼 각각의 단위포에서는 똑같은 위치에 있으나 시간적으로 다른 위치에 분포하고 있는 경우가 있다. 이 차이는 결정의 온도를 바꿔서 측정함으로서 구별할 수 있다. 즉, 온도를 바꿔도 전자밀도의 벌어짐이 줄어들지 않으면, 원자가 공간적으로 흩어진 위치에 있음을 나타내는 것이고, 저온에서 전자밀도의 벌어짐이 작아지면, 전자밀도의 벌어짐은 열진동에

의한 것으로 판단할 수 있다[4].

그런데, (5.1)식의 이방성 온도인자 식은 역공간에서의 표시이기 때문에, 실공간에서 어떠한 크기의 열진동이 되는지를 표시할 필요가 있다. 이 T함수를 실공간으로 푸리에 변환하면, 원자의 존재확률을 나타내는 함수가 된다. 그래서, 원자핵의 위치를 중심으로 하여 일정한 확률로 존재하는 영역을 그리면, 타원체로 나타내어진다. 통상은 50 %의 확률을 나타내고 있다.

5.2 다중도와 점유율

구조인자의 식은 (2.31)식 처럼 나타내지만, 온도인자까지 포함시켜 지수와 좌표를 넣어서 나타내면,

$$F(hkl) = \sum_{j=1}^{n} f_j\left(\frac{\sin\theta}{\lambda}\right) T_j \exp\{2\pi i(hx_j + ky_j + lz_j)\} \tag{5.5}$$

가 된다. 여기서 합은 모든 원자에 대해서 취한다. 대칭심이 존재하면,

$$F(hkl) = 2\sum_{j=1}^{n/2} f_j\left(\frac{\sin\theta}{\lambda}\right) T_j \cos\{2\pi(hx_j + ky_j + lz_j)\} \tag{5.6}$$

로 나타내어진다. 만약 대칭심상에 원자가 있으면, 이 원자의 기여는 $\sum$ 앞에 2배가 곱해져 있기 때문에, (5.6)식을 사용하면 이 원자만 2배가 되어지게 된다. 그래서,

$$F(hkl) = 2\sum_{j=1}^{n/2} m_j f_j\left(\frac{\sin\theta}{\lambda}\right) T_j \cos\{2\pi(hx_j + ky_j + lz_j)\} \tag{5.7}$$

으로 하여, 대칭심상의 원자만 m_j를 0.5로 하고, 다른 원자는 1.0이라고 놓으면, (5.6)식과 똑같이 (5.7)식을 사용할 수 있다. 이 m_j를 **다중도**(multiplicity)라고 말한다. 4회회전축상에 원자가 있으면, $m_j = 0.25$가 된다. 이것은 원자가 1/4밖에 존재하지 않는다는 것이 아니고, 구조인자의 식을 변형하여 대칭조작으로 독립한 원자만

4) 이러한 이유로, 온도인자라는 용어를 사용하지 않고, **원자위치 분산인자**(atomic displacement parameter)를 사용하자는 제안도 있다.

합을 취함으로서, 대칭조작상의 원자는 조작의 수만큼 여분으로 합해 더해지기 때문에, 그 비율을 미리 작게 해 놓는다는 의미이다. 따라서, 다중도는 결정의 대칭성이 정해지면 자동적으로 정해지는 값이다.

다중도와 같은 변수로서 사용되지만, **점유율**(occupancy factor)은 완전히 다른 물리적인 의미를 갖는 양이다. 이 변수는, 그 원자의 위치에 원자가 실제로 얼마나 존재하는지를 나타낸다. 물론 원자가 반절이라는 것은 있을 수 없지만, 단위포 중의 원자란 것은 모든 단위포의 동일한 위치의 원자의 평균을 나타내고 있기 때문에, 평균으로서 0.5밖에 없다고 하는 것은, 점유율 0.5를 의미한다. 따라서 반절의 단위포에는 그 위치에 아무것도 없다는 것이 된다. 만약 그 위치에 원자가 없다는 단위포가 1개 걸러 배열되어 있으면, 이것은 2개를 합한 단위포를 생각하면 주기적으로 배열되어 있기 때문에, 격자를 2배로 잡은 것이 된다. 이 경우에는, 2배로 잡은 격자의 방향으로 1/2의 위치에 회절반점이 관측되는 것으로 쉽게 구별된다. 만약 1/2의 회절반점이 나타나지 않을 때에는, 랜덤하게 원자가 누락되어 있어, 평균하면 반절이 없어진다는 것을 나타내고 있다. 용매 분자의 원자에서는 m_j가 1.0보다 작은 경우가 자주 나타난다. 이 값은 고정되어 있는 것이 아니기 때문에, 최소 자승법으로 정밀화된다.

5.3 소쇠 효과

구조의 정밀화가 진행하면, 낮은 각도 측에서 강도가 큰 구조인자 $F_o(hkl)$이 계산값 $F_c(hkl)$보다 매우 작은 값이 되는 경우가 있다. 이러한 경우는 **소쇠 효과**(extinction effect)의 영향을 받고 있을 가능성이 높기 때문에, 그의 보정이 필요하게 된다. 소쇠 효과에는 1차와 2차가 있다. 1차 소쇠 효과는, 그림 5.1에 나타낸 것처럼 산란된 X선이 다른 격자면에서 다시 회절현상을 일으키기 때문에, 본래의 회절강도를 나타내지 않는 현상이다. 2차 소쇠 효과는, 그림 5.2에 보인 것처럼, 입사 X선이 결정의 안쪽으로 들어 갈수록 약해져 본래의 회절강도를 나타내지 못하는 현상이다.

실제의 결정은 많은 결정 결함 및 사소한 균열을 갖고 있어, 그림 5.3에 보는 것처럼 모자이크 모양으로 되어 있다. 그래서, 1차 및 2차 소쇠 효과는 그다지 문제가

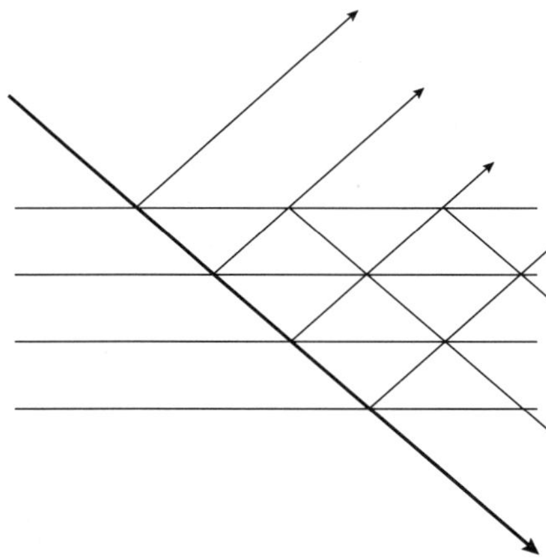

그림 5.1 1차 소쇠 효과. 내부로부터의 회절선이 다시 회절을 일으켜 본래의 회절 방향으로 나오지 않는다.

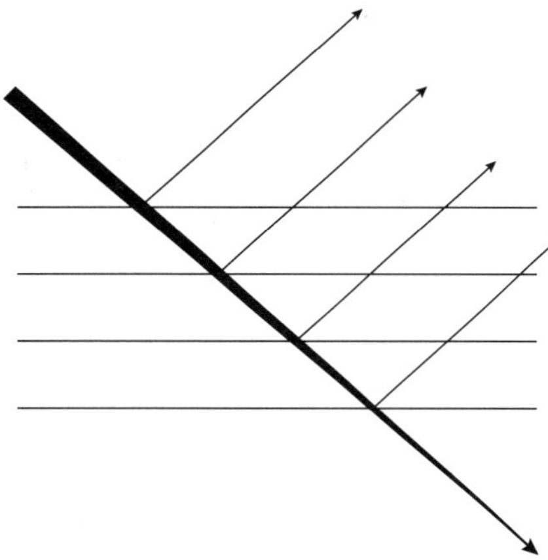

그림 5.2 2차 소쇠 효과. 표면에서 회절이 일어나 결정 내부로 갈수록 입사광 강도가 약해진다.

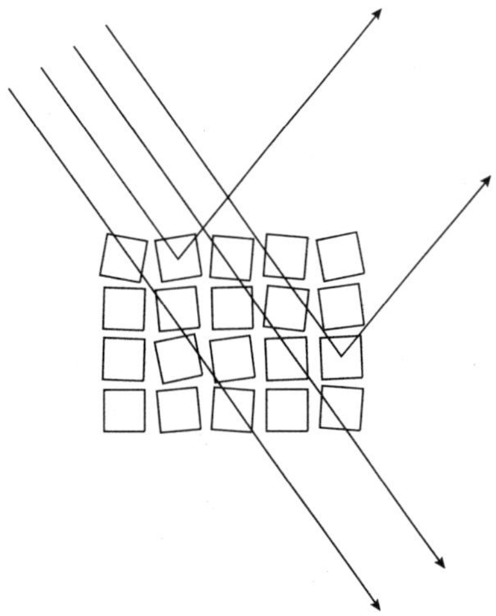

그림 5.3 결정의 모자이크 성. 방위가 다른 미소한 결정의 집합

되지 않는다. 이러한 결정을 **모자이크 결정**(mosaic crystal)이라고 부르고 있다. 이렇게 격자면에서 오직 한 번 산란한다고 가정하고 있는 산란 이론을 **운동학적 산란**(kinematical scattering)이라 말하고, 산란강도 $I(hkl)$은 $|F(hkl)|^2$에 비례한다. 그러나 1차 소쇠 효과의 원인인 여러 차례의 산란이 일어나는 경우를 **동력학적 산란**(dynamical scattering)이라 말하고, $I(hkl)$은 $|F(hkl)|$에 비례하기 때문에 운동학

적 산란에 비하면 작아지게 된다.

그러나 실제의 결정은 그림 5.3처럼 완전한 모자이크 성도 아니고, **완전결정**(perfect crystal)과 모자이크 결정 사이에 있기 때문에, 소쇠 효과의 보정이 필요하게 된다. 그러나 1차 소쇠 효과와 2차 소쇠 효과를 나누는 일은 불가능하기 때문에, 보정은 한꺼번에 행하게 된다. SHELXL 프로그램에서는, F_c가 본래의 값으로 보정된 $F_c(corr)$로 된다고 가정하여, $F_c(corr)$를 F_o와 같다고 하여 최소 자승법으로 ε값을 구해서, 마지막에 이 ε을 (5.8)식에 대입하여 F_o라고 하고 있다.

$$F_c(corr) = F_c\left(1 + \frac{\varepsilon {F_c}^2 \lambda^3}{\sin 2\theta}\right)^{-1/4} \tag{5.8}$$

일반적으로, MoK_α선보다 CuK_α선 쪽이 소쇠 효과가 크다. 이 효과를 작게 하기 위해서는, 결정을 액체 질소 속에 넣으면 좋다. 많은 균열이 만들어져, 소쇠 효과의 영향이 작아지게 된다.

5.4 이중산란(레닝거 효과)

그림 5.4에서 보는 것처럼, 어떤 격자면 P_2에서 산란된 X선이 입사 X선이 되어, 다른 격자면 P_3에서 산란된 X선이, 우연히 완전히 다른 격자면 P_1에서 산란된 X선과 일치하는 경우가 있다. 이 경우는 2개의 회절이 중복되어, P_1만의 회절강도보다 강한 산란이 관측된다. 이러한 산란을 **이중산란**(double scattering)효과라 말하고, 이 때문에 강도가 변화하는 것을 **레닝거**(Renninger) **효과**라 한다. 일반적으로는, 한 번 산란된 X선의 강도는 약하기 때문에 두 번째 산란강도는 관측되지 않을 정도지만, 격자면 P_2와 P_3의 회절강도가 우연하게 강한 경우에는 격자면 P_1의 강도에 영향을 주는 경우도 있다. 그 경우에도 일반적으로는 강도 보정 할 필요는 없을 정도이지만, 소멸 법칙으로 없어져야 하는 반사가 이 효과 때문에 없어지지 않고 남아 있게 되어, 공간군의 판정을 틀리게 하는 중대한 문제를 일으키는 경우가 있다. 특히 나선 대칭의 경우는 소멸 법칙으로 없어지는 반사의 수가 적기 때문에, 어떤 회절강도는 0이 아닌 나선대칭의 존재를 부정하게 됨으로써, 그 때문에 공간군의 판

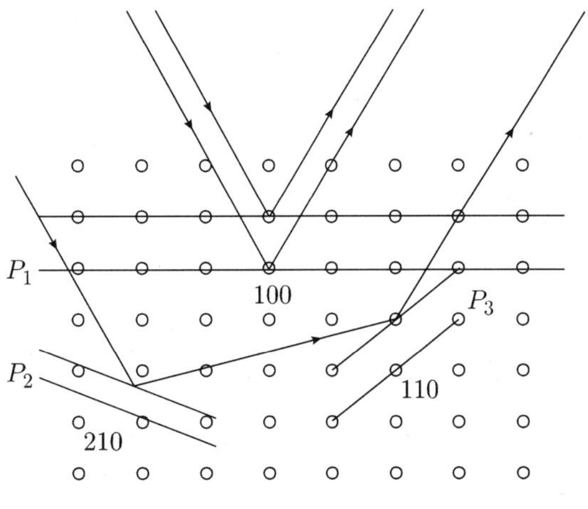

그림 5.4 이중산란의 예

정이 틀리게 되어 구조해석에 실패하는 일도 있기 때문에 주의가 필요하다.

5.5 열산만산란

X선의 산란강도는 원자의 열진동에 의해 큰 영향을 받는다. 그 결과, 등방적인 열진동을 하고 있는 경우의 원자 산란인자는,

$$f\left(\frac{\sin\theta}{\lambda}\right)= f\left(\frac{\sin\theta}{\lambda}\right)\times \exp\left(\frac{-8\pi^2 U\sin^2\theta}{\lambda^2}\right) \tag{5.9}$$

가 되어 지수함수로 감소한다. 결정에서는 그 밖에 더욱 장주기인 격자진동도 있다. 그림 5.5에 1차원의 예로 나타낸 것처럼, 이 경우에는 격자 간격이 조금씩 달라지게 되기 때문에, 회절현상 자체가 만족되지 않게 되어, 그림 5.6에 보인 것처럼, 통상의 예리한 회절반점(이것을 **브라그 반점**(Bragg spot)이라 말한다)의 주위로 완만하게

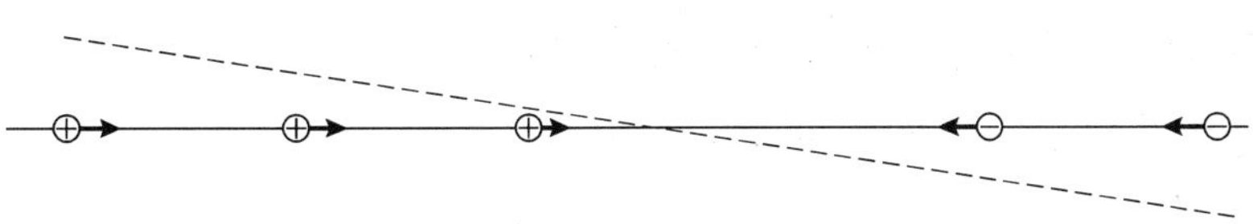

그림 5.5 격자진동. 각 격자점에서는 파선으로 표시한 것과 같은 큰 주기로 진동하고 있다.

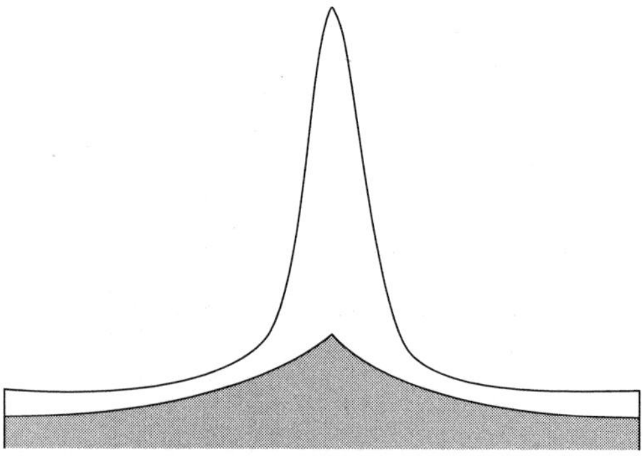

그림 5.6 열산만산란의 예. 브라그 피크 주변로 강도 분포가 나타난다.

경사진 부분이 넓게 나타나게 된다. 이 때문에, 이 회절점의 백그라운드가 비정상적으로 크게 되어, 브라그 반점의 강도를 작게 만들게 된다. 이 효과는 원자의 좌표에는 그다지 영향을 주지 않으나, 이 격자면상의 원자의 열진동에는 상당히 영향을 준다.

5.6 장주기 구조

결정의 단위포가 이웃과 조금씩 다르나, 몇 번째 진행하면 똑같아지는 구조가 이따금 나타난다. 그림 5.7(a)에는, x축 방향으로 내부 구조가 다르고, 4개마다 똑같아지는 경우를 그려 놓았다. 이 경우 참 주기는 a이지만, $a/4$의 주기로 구조가 아주 비슷하기 때문에, 대충 그림 5.7(b)와 같이 4개의 구조를 평균한 단위포가 $a/4$의 주기로 늘어져 있는 것처럼 보인다. 이때 a^*축 방향의 회절점은, 그림 5.7(c)처럼 $4a^*$ 간격으로 늘어져 있다. 그러나 그 사이에 a^*의 간격으로 약한 회절점이 있다. 이것이 참된 격자 a에 대응하는 회절점이다. $4a^*$ 간격의 강한 회절점의 강도로부터 평균구조가 구해지고, 약한 a^* 간격의 회절점의 강도로부터는 평균구조로부터의 차이가 구해진다. 그러나 후자의 강도는 작기 때문에, 평균구조로부터의 차이를 구하는 일은 일반적으로는 매우 곤란하다.

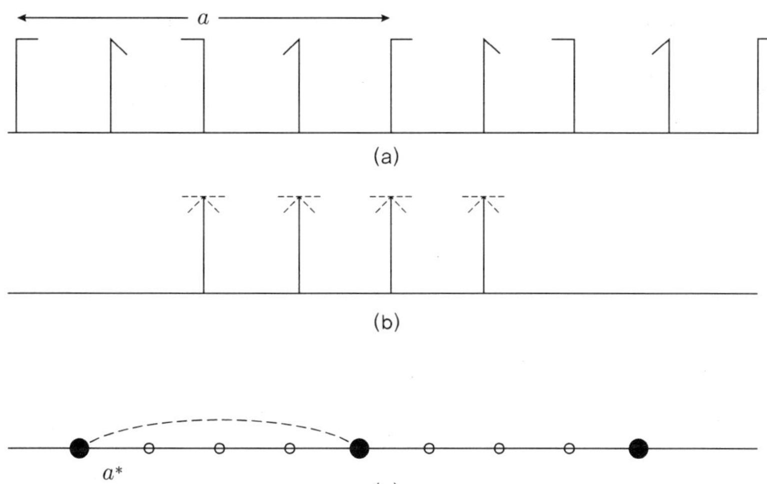

그림 5.7 장주기구조의 예. (a) 각 격자에 약간 구조와 차이가 있고, 4주기마다 동일한 구조가 나타난다. (b) 각 격자를 평균한 구조, (c) 평균구조에 대응한 4배 주기의 강한 회절과 각 격자의 차이를 반영한 약한 회절이 사이에 3개가 나타난다.

5.7 적분 강도

결정으로부터의 회절 X선은, 산란벡터로부터 정해지는 엄밀한 한 방향이 아니고, 그 방향을 중심으로 하여 각도 분포를 갖고 있다. 실제의 결정은 격자 결함 때문에 결정격자의 방위가 일정하지 않고, 어느 각도 범위로 분포하고 있다. 또 입사 X선이 완전히 평행하지 않고, 슬릿계로 정해지는 각도 범위로 분포하고 있다. 그래서, 산란벡터로부터 정해지는 회절각을 θ_o,그의 각도 근방의 회절강도를 $R(\theta)$라고 하고, 각도의 폭을 $\pm\varepsilon$이라 하면, 전 회절강도 I는,

$$I = \int_{-\varepsilon}^{+\varepsilon} R(\theta)\, d\theta \tag{5.10}$$

로 나타내어진다. 입사 X선의 강도를 I_o라 하면,

$$P = \frac{I}{I_o} \tag{5.11}$$

이 되고, 이것을 **산란능**(scattering power)이라고 말한다. 결정은 충분히 작고 모자이크상의 **불완전결정**(imperfect crystal)이므로, 입사 X선의 빔에 완전히 묻혀(완욕) 있을 때에는,

$$P = A \cdot V \cdot N^2 \cdot \lambda^3 \cdot F^2 \cdot \frac{e^2}{mc^2} \cdot L \cdot p \quad (5.12)$$

로 나타내어진다. A는 X선의 흡수인자, V는 결정의 체적, N은 단위체적 중의 단위포의 수, λ는 파장, F는 구조인자, L은 로렌츠인자, p는 편광인자이다. 파장을 짧게하면, 3승으로 강도는 감소한다. 결정과 X선의 파장이 정해지면, V, N, λ, e^2/mc^2은 상수이기 때문에,

$$P = \frac{I}{I_o} = K' \cdot A \cdot F^2 \cdot L \cdot p \quad (5.13)$$

이 되고,

$$I = K' \cdot I_o \cdot A \cdot F^2 \cdot L \cdot p \quad (5.14)$$

로 나타내진다. 그러나 K'및 I_o는 구해지는 것이 어렵기 때문에,

$$I = \frac{1}{C^2} \cdot A \cdot F^2 \cdot L \cdot p \quad (5.15)$$

라 하고, 최초에는 윌슨통계로 $\frac{1}{C^2}$의 값을 구하고, 그 이후에는 최소 자승법으로 C'의 값을 정밀화하고 있다.

5.8 이상산란과 절대구조

2.3절에서 설명한 것처럼, 입사 X선이 결정 내 원자의 내각전자를 효과적으로 두드려 꺼내는 에너지를 가질 때는, 이상산란 효과가 나타나고, 원자 산란인자는 허수항을 포함하게 된다.

$$f\left(\frac{\sin\theta}{\lambda}\right) = f_o\left(\frac{\sin\theta}{\lambda}\right) + f' + if'' \quad (5.16)$$

이와 같은 허수항이 있으면, 후리델 법칙 $|F(hkl)|=|F(\bar{h}\bar{k}\bar{l})|$은 성립하지 않게 된다. 이것을 이용하면 결정축의 + 방향이 결정될 수 있는 것은 아닌지 생각할 수 있었는데, 1928년 니시가와 등이 섬아연광 ZnS 결정을 써서 실제로 증명했다.

섬아연광의 구조는 다이아몬드의 구조와 같아서, 2개의 면심입방격자로 되어 있고, 한쪽의 면심입방격자에 Zn원자가 있어, 이 면심입방격자를 체대각 방향으로 (1/4, 1/4, 1/4)만큼 이동시킨 곳에 S원자가 있는 구조이다. 따라서, Zn원자와 S원자의 독립한 4개 좌표는,

Zn : (0,0,0); (1/2,1/2,0); (1/2,0,1/2); (0,1/2,1/2)

S : (1/4,1/4,1/4); (3/4,3/4,1/4); (3/4,1/4,3/4); (1/4,3/4,3/4)

이 된다. 이렇게 하면,

$$\begin{aligned} F(111) = f_{Zn}\Big[&\exp\{2\pi i(0+0+0)\}+\exp\Big\{2\pi i\Big(\frac{1}{2}+\frac{1}{2}+0\Big)\Big\} \\ &+\exp\Big\{2\pi i\Big(\frac{1}{2}+0+\frac{1}{2}\Big)\Big\}+\exp\Big\{2\pi i\Big(0+\frac{1}{2}+\frac{1}{2}\Big)\Big\}\Big] \\ &+f_S\Big[\exp\Big\{2\pi i\Big(\frac{1}{4}+\frac{1}{4}+\frac{1}{4}\Big)\Big\}+\exp\Big\{2\pi i\Big(\frac{3}{4}+\frac{3}{4}+\frac{1}{4}\Big)\Big\} \\ &+\exp\Big\{2\pi i\Big(\frac{3}{4}+\frac{1}{4}+\frac{3}{4}\Big)\Big\}+\exp\Big\{2\pi i\Big(\frac{1}{4}+\frac{3}{4}+\frac{3}{4}\Big)\Big\}\Big] \\ = 4f_{Zn}-4if_S \end{aligned} \tag{5.17}$$

이 되고, 같은 방법으로 계산하면,

$$F(\bar{1}\bar{1}\bar{1}) = 4f_{Zn}+4if_S \tag{5.18}$$

이다. 여기서,

$$f_{Zn} = f_{Zn}{}^0 + f_{Zn}{}' + if_{Zn}{}'' \tag{5.19}$$

$$f_S = f_S{}^0 + f_S{}' + if_S{}'' \tag{5.20}$$

라 하면,

$$F(111) = 4(f_{Zn}{}^0 + f_{Zn}{}' + if_{Zn}{}'') - 4i(f_S{}^0 + f_S{}' + if_S{}'')$$
$$= 4(f_{Zn}{}^0 + f_{Zn}{}' + f_S{}'') - 4i(f_S{}^0 + f_S{}' - f_{Zn}{}'') \quad (5.21)$$

$$F(\bar{1}\bar{1}\bar{1}) = 4(f_{Zn}{}^0 + f_{Zn}{}' + if_{Zn}{}'') + 4i(f_S{}^0 + f_S{}' + if_S{}'')$$
$$= 4(f_{Zn}{}^0 + f_{Zn}{}' - f_S{}'') + 4i(f_S{}^0 + f_S{}' + f_{Zn}{}'') \quad (5.22)$$

가 된다. 이 결과, 회절 강도 $I(hkl)$은

$$I(111) = 16(f_{Zn}{}^0 + f_{Zn}{}' + f_S{}'')^2 + 16(f_S{}^0 + f_S{}' - f_{Zn}{}'')^2 \quad (5.23)$$

$$I(\bar{1}\bar{1}\bar{1}) = 16(f_{Zn}{}^0 + f_{Zn}{}' - f_S{}'')^2 + 16(f_S{}^0 + f_S{}' + f_{Zn}{}'')^2 \quad (5.24)$$

로 나타낼 수 있다. 여기서, 이상산란항의 허수항 f''가 0이면,

$$I(111) = I(\bar{1}\bar{1}\bar{1}) = 16(f_{Zn}{}^0 + f_{Zn}{}')^2 + 16(f_S{}^0 + f_S{}')^2 \quad (5.25)$$

이지만, 0이 아니면,

$$I(111) \neq I(\bar{1}\bar{1}\bar{1}) \quad (5.26)$$

이 된다. 니시가와는, Zn의 K흡수단에 가까운 텅스텐으로부터의 X선 $WL_{\beta 1}$을 사용하면 $f_S{}''$은 거의 무시할 수 있는 값이지만, $f_{Zn}{}''$이 양(+)의 큰 값이 되기 때문에, $I(111) < I(\bar{1}\bar{1}\bar{1})$이 되어 강도가 다르다는 것을 증명했다.

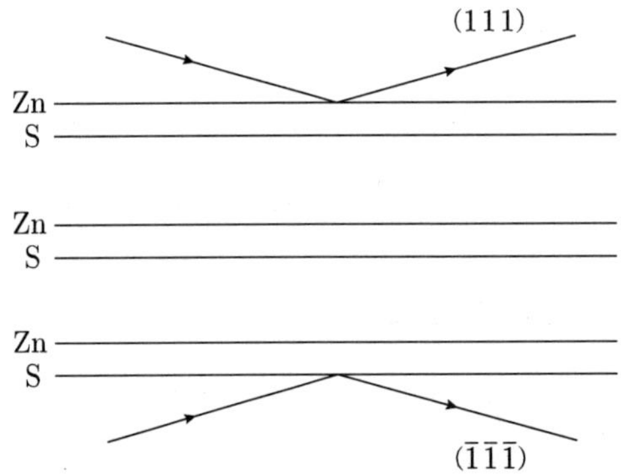

그림 5.8 ZnS의 (111)면으로 부터의 회절과 $(\bar{1}\bar{1}\bar{1})$면으로부터의 회절

이것을 다시금 코스터(D.Coster)가 1930년에 정량적으로 보였다. 그는 표면 (111)은 Zn에, 이면 $(\overline{1}\overline{1}\overline{1})$은 S가 되도록 ZnS의 결정을 잘라내어, 그림 5.8과 같은 회절강도 $I(111)$과 $I(\overline{1}\overline{1}\overline{1})$을 $WL_{\beta2}$, $WL_{\beta3}$, $AuL_{\alpha1}$, $WL_{\beta1}$, $AuL_{\alpha2}$로 파장을 바꿔서 측정했다. 또 압전현상을 이용하여, 광택이 있는 면이 S의 면이고, 광택이 없는 면이 Zn면임을 관찰한 결과, X선으로 결정한 (111)면과 $(\overline{1}\overline{1}\overline{1})$면의 차이와 일치했다.

이처럼 결정축의 방향이 이상산란 효과로부터 정해질 수 있기 때문에, 이상산란 효과를 이용하면 결정 내의 분자의 **절대구조**(absolute structure)가 정해질 수 있다고 추론하는 것은 그다지 어려운 일이 아니다. 화학적으로는 분자의 절대구조를 결정한다는 일이 매우 중요한 일임에도 불구하고, 실제로는 21년 후인 1949년 네덜란드의 바이후트(J.M.Bijvoet)가 겨우 생각해 내었었다. 이렇게 하여 정해진 부제탄소의 절대구조는, 1900년에 유기화학자인 피셔(E.Fisher)가 임의로 정했던 절대구조와 일치했다(120쪽 칼럼 참조).

간단하게 하기 위하여, 분자 안의 M원자만 이상산란 효과를 보인다고 하자. 그러면,

$$f_M = f_M{}^0 + f_M{}' + i f_M{}'' \tag{5.27}$$

이 된다. 구조인자 $F(hkl)$과 $F(\overline{h}\overline{k}\overline{l})$은 다음 식과 같이 나타낼 수 있다.

$$\begin{aligned}
F(hkl) &= \sum_{j=1}^{n-1} f_j \exp\{2\pi i(hx_j + ky_j + lz_j)\} \\
&\qquad + f_M \exp\{2\pi i(hx_M + ky_M + lz_M)\} \\
&= \left[\sum_{j=1}^{n-1} f_j \cos\{2\pi(hx_j + ku_j + lz_j)\}\right. \\
&\qquad \left. + f_M \cos\{2\pi(hx_M + ky_M + lz_M\}\right] \\
&\quad + i\left[\sum_{j=1}^{n-1} f_j \sin\{2\pi(hx_j + ky_j + lz_j)\}\right. \\
&\qquad \left. + f_M \sin\{2\pi(hx_M + ky_M + lz_M)\}\right]
\end{aligned} \tag{5.28}$$

여기서, 간단하게 하기 위하여 $f_M = f_M + i f_M{}''$이라 하면,

$$F(hkl) = \left[\sum_{j=1}^{n-1} f_j \cos\{2\pi(hx_j + ky_j + lz_j)\}\right.$$
$$\left. - f_M'' \sin\{2\pi(hx_M + ky_M + lz_M)\}\right]$$
$$+ i\left[\sum_{j=1}^{n-1} f_j \sin\{2\pi(hx_j + ky_j + lz_j)\}\right.$$
$$\left. + f_M'' \cos\{2\pi(hx_M + ky_M + lz_M)\}\right] \qquad (5.29)$$

이 되고, 같은 방법으로,

$$F(\bar{h}\bar{k}\bar{l}) = \left[\sum_{j=1}^{n-1} f_j \cos\{2\pi(hx_j + ky_j + lz_j)\}\right.$$
$$\left. + f_M'' \sin\{2\pi(hx_M + ky_M + lz_M)\}\right]$$
$$- i\left[\sum_{j=1}^{n-1} f_j \sin\{2\pi(hx_j + ky_j + lz_j)\}\right.$$
$$\left. - f_M'' \cos\{2\pi(hx_M + ky_M + lz_M)\}\right] \qquad (5.30)$$

이라 나타낼 수 있다. 다시 이 식으로부터,

$$I(hkl) = \left[\sum_{j=1}^{n-1} f_j \cos\{2\pi(hx_j + ky_j + lz_j)\}\right.$$
$$\left. - f_M'' \sin\{2\pi(hx_M + ky_M + lz_M)\}\right]^2$$
$$+ \left[\sum_{j=1}^{n-1} f_j \sin\{2\pi(hx_j + ky_j + lz_j)\}\right.$$
$$\left. + f_M'' \cos\{2\pi(hx_M + ky_M + lz_M)\}\right]^2 \qquad (5.31)$$

$$I(\bar{h}\bar{k}\bar{l}) = \left[\sum_{j=1}^{n-1} f_j \cos\{2\pi(hx_j + ky_j + lz_j)\}\right.$$
$$\left. + f_M'' \sin\{2\pi(hx_M + ky_M + lz_M)\}\right]^2$$
$$+ \left[\sum_{j=1}^{n-1} f_j \sin\{2\pi(hx_j + ky_j + lz_j)\}\right.$$
$$\left. - f_M'' \cos\{2\pi(hx_M + ky_M + lz_M)\}\right]^2 \qquad (5.32)$$

가 되어,

$$I(hkl) \neq I(\bar{h}\bar{k}\bar{l}) \tag{5.33}$$

이 된다. 만약 이상산란 효과의 허수항 $f_M'' = 0$이면,

$$I(hkl) = I(\bar{h}\bar{k}\bar{l}) = \left[\sum_{j=1}^{n} f_j \cos\{2\pi(hx_j + ky_j + lz_j)\}\right]^2 + \left[\sum_{j=1}^{n} f_j \sin\{2\pi(hx_j + ky_j + lz_j)\}\right]^2 \tag{5.34}$$

이다. 또 f_M''이 큰 쪽이 $I(hkl)$과 $I(\bar{h}\bar{k}\bar{l})$의 차가 크기 때문에 구별하기 쉽다. 그림 5.9에 f''의 크기와 파장의 관계를 보인다.

이전에는 해석 종료 후, $I_o(hkl)$과 $I_o(\bar{h}\bar{k}\bar{l})$의 차이가 큰 여러 개의 회절점을 동일한 필름 위에 기록하여 대소관계를 확인해서, 대소관계가 계산치와 일치하고 있으면 그대로의 좌표를 사용하지만, 역전하여 있으면, x, y, z의 좌표를 $\bar{x}$, $\bar{y}$, $\bar{z}$로 바꾸는 방법을 사용했다. 그러나 다음 장에서 설명하는 것처럼, 최근에는 최소 자승법의 계산 도중에 판정하고 있다.

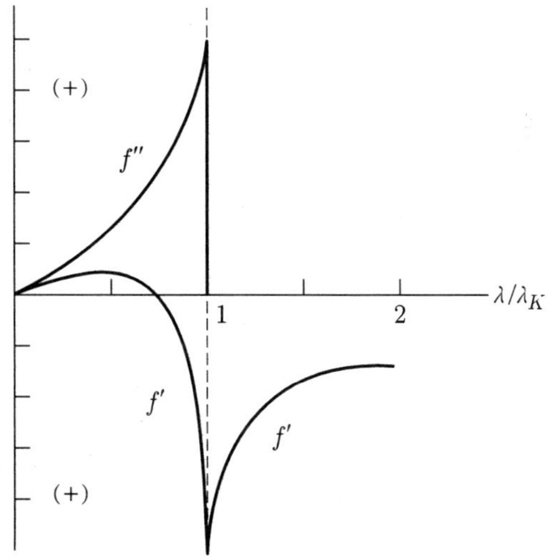

그림 5.9 이상산란항 f'과 f''의 파장 의존성. λ_K는 이상산란 극대의 파장

절대구조를 결정한 바이후트

바이후트는 1892년 네덜란드에서 태어났다. 암스테르담 시립 대학을 졸업하고, 1939년부터 유트레히트 대학(Utrecht University) 교수가 되었다. 1949년, X선의 이상산란 효과를 이용하면 분자의 절대구조가 결정될 것임에 착안하였다. 그래서, 주석산의 나트리움루비지움염 결정의 절대구조를 결정하고, 주석산음이온의 절대구조를 밝혀내었다. 이 결정은 그 당시의 100년 전에, 프랑스의 파스테르(L.Pasteur)에 의해, 결정의 외형을 현미경으로 관찰하여 우정과 좌정으로 나누어 각각 용매에 녹이면 시광도가 거꾸로 된다는 유명한 실험에 사용된 결정과 똑같은 종류의 결정이다.

주석산의 결정이 시광도를 보이는 이유는, 이 분자가 부제탄소를 갖어, 부제탄소에 결합한 4개의 치환기가 거울상 관계를 갖기 때문이라는 것이 그 후 밝혀졌다. 1900년, 당류의 연구로 유명한 피셔가, 부제탄소의 절대구조를 구별하기 위해서, 그림과 같이 정의했다. 이 정의에 의하면, 글리세린알데히드(I)은 부제탄소를 1개 가지지만, 이 분자를 (II)처럼 그렸을 때, 정(+)의 시광도를 나타내는 D형 글리세린알데히드는 OH가 우측에 있다고 하고, 부(-)의 시광도를 나타내는 L형 글리세린알데히드는 OH가 좌측에 있다고 하고 있다. D형 글리세린알데히드의 구조로부터 유도되는 주석산(III)은 D형주석산이고, 입체적으로 그리면 (IV)가 된다. 바이후트가 실제로 정(+)의 시광도를 나타내는 D형주석산 결정의 절대구조를 결정하니 (V)가 되어, 운 좋게 피셔의 정의와 일치하고 있다. 이것이 거꾸로 되었다면 아주 성가신 일이 되었을 것이다. 전기는 양극

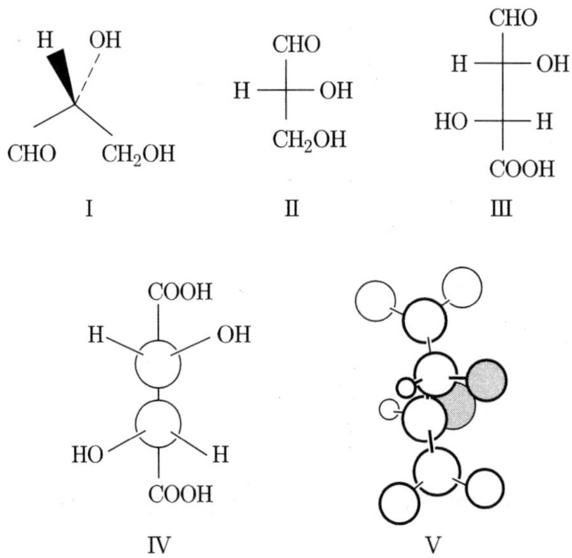

그림 주석산의 절대구조의 피셔 정의와 바이후트의 실험 결과

에서 음극으로 흐른다고 정의한 후에 전자의 정체가 밝혀졌기 때문에, 실제로는 전자가 음극에서 양극으로 흐른다는 것이 번거롭게 되어, 전기공학과 물리학에서는 다른 정의를 사용하고 있다. 만약 바이후트의 실험에서 거꾸로 밝혀졌다면, 유기화학에서는 입체구조는 D형이라고 하지만, X선에서는 구조결정한 실제의 구조는 L형이라고 말하지 않으면 안 되게 되었을 것이다.

유기화학의 연구자에게는 절대구조를 정정하지 않아도 통용할 수 있게 되어 행운이었지만, 그 때문에 절대구조가 실험적으로 결정되어진다는 일의 중요성이 잊혀져, 오랫동안 유기화학 교과서에서는 피셔의 정의로 결정되어졌다고 기술되어, 독자에게 오해를 갖게 하는 일이 많았다. 바이후트의 실험 그 자체는 어려운 것이 아니지만, 부제탄소의 절대구조의 결정이라는 과제는 화학에 있어서 매우 중요한 발견이었다. 살리드마이드는 최면제로서 우수한 성질을 갖고 있으나, 의약품으로서는 광학 분할을 하지 않고 라세미체의 형태로 판매되었기 때문에, 최면제의 거울 상체가 비참한 결과를 일으켰던 것이다. 이 일은, 분자의 절대구조에 대한 인식이 결여되었기 때문에 일어난 서글픈 사실이다. 바이후트는 그 후 국제결정학회의 회장 등을 역임하고, 1980년 88세에 사망하였다.

아울러, 바이후트의 논문을 읽고, 곧바로 착체의 절대구조의 결정에 응용하여, 오늘날의 착체화학의 기초를 확립한 것은 사이토(斉藤喜彦)이다. 1952년의 일이었다.

6장 구조의 정밀화

위상을 결정할 수 있으면, 그 위상을 실측한 구조인자에 부여하여 전자밀도를 계산하면, 그의 피크로부터 각 원자의 좌표가 구해진다. 이 좌표값을 사용하여 계산한 구조인자를 $F_c(hkl)$, 실측한 구조인자 $F_o(hkl)$에 가장 잘 일치하도록 **최소 자승법** (least-squares method)으로 정밀화한다. 그러나 최소 자승법에 의한 정밀화로 모든 것이 해결되지는 않으므로 주의해야 한다. 먼저 결정의 절대구조의 결정이 있다. 실측한 구조인자로부터는 $F(hkl)$과 $F(\overline{h}\overline{k}\overline{l})$를 구별할 수 없기 때문에, x, y, z와 $\overline{x}, \overline{y}, \overline{z}$인 거울체의 구조를 구별할 수 없다. 즉, 결정이 우수계인지 좌수계인지 구별을 하지 못해, 분자가 R체인지 S체인지 구별할 수 없음을 의미하고 있다. 이의 구별에는 회절강도의 이상산란 현상을 이용하는 것이 불가결하다. 다음에, 구조에 흩어짐이 있으면, 다수 성분의 것들은 구조가 정해지지만, 소수 성분의 구조는 찾아내지 못하는 경우가 있다. 더하여, 결정에 따라서는 언뜻 보면 높은 대칭을 갖는 구조로 보이지만, 실제로는 그 대칭을 갖지 않는 거짓 대칭인 문제가 있다. 이것들은 실험자가 최소 자승 계산의 과정에 주의하지 않으면 찾아내지 못하기 쉬운 문제로서, 틀린 구조해석의 원인이 된다.

6.1 최소 자승법

구조인자 식은,

$$F_c(hkl) = \sum_{j=1}^{n} m_j f_j T_j \exp\{2\pi i(hx_j + ky_j + lz_j)\} \tag{6.1}$$

로 나타내진다. 여기서 변수를 모두 p_j로 나타내면, 변수p_j는 각 원자에 점유율 1개와 이방성 온도인자 6개와 좌표 3개로 모두 합 10개 있기 때문에, 전체 원자 N개에서는 $10N$개가 된다. 이 변수 p_j를 행벡터 $\boldsymbol{P}$의 성분이라 하면,

$$\boldsymbol{P} = (p_{1,} p_{2,} p_{3,} \cdots, p_{10N}) \tag{6.2}$$

$$F_c(hkl) = F_c(\boldsymbol{P}) \tag{6.3}$$

$F_c(\boldsymbol{P})$는 $\boldsymbol{P}$의 1차함수는 아니기 때문에, 근사치 $\boldsymbol{P}_o$의 근방에서 함수를 전개하여 1차항 $\Delta\boldsymbol{P}$까지 포함시키면,

$$F_c(\boldsymbol{P}) \fallingdotseq F_c(\boldsymbol{P}_o) + \sum_{j=1}^{10N} \left\{ \frac{\partial F_c(\boldsymbol{P})}{\partial p_j} \right\}_{\boldsymbol{P}=\boldsymbol{P}_o} \Delta p_j \tag{6.4}$$

$F_c(\boldsymbol{P})$식은 지수함수이어서, 2차 이상의 항도 아직 꽤 크기 때문에, 이 근사는 그다지 좋지 않다. 그래서, 초기 모델 $\boldsymbol{P}_o$가 참값에 가깝지 않으면 최소 자승 계산으로 수렴하지 않는다. 또, 수렴할 때까지 여러 차례 최소 자승 계산을 반복할 필요가 있음을 나타내고 있다.

최소 자승법 계산에서, 잔차 $\sum\{|F_o(hkl)| - |F_c(hkl)|\}^2$을 최소화 하는 것이지만, 각 구조인자의 측정치가 똑같은 정밀도가 아니기 때문에,

$$R_{res} = \sum_{hkl}^{all\,data} w(hkl)\{|F_o(hkl)| - |F_c(hkl)|\}^2 \tag{6.5}$$

가 최소가 되도록 한다. 여기서, $w(hkl)$은 **가중치**(weight)라 말하며, 각 구조인자 인자의 정확한 정도를 나타내는 계수이다. 실측치에는 척도인자가 곱해져 있으나, 이 값도 윌슨통계로부터 구해진 값은 거친 값이기 때문에, (6.5)식 대신에,

$$R_{res} = \sum_{hkl} w(hkl)\{|F_o(hkl)| - C|F_c(hkl)|\}^2 \tag{6.6}$$

을 최소화한다. C의 최적치도 최소 자승 계산으로 구한다.

(6.6)식의 값을 최소화하기 때문에, R_{res}의 최소치의 근방에서는, 각 변수에 대해서 미분한 값은 극소치가 될 것이다. 즉,

$$\frac{\partial R_{res}}{\partial p_j} = 0 \tag{6.7}$$

이다. (6.4)식으로부터, $\boldsymbol{P} = \boldsymbol{P}_o$ 근방에서는,

$$F_c(\boldsymbol{P}) = F_c(\boldsymbol{P}_o) + \sum_{i=1}^{10N} \left\{ \frac{\partial F_c(\boldsymbol{P})}{\partial p_i} \right\}_{\boldsymbol{P} = \boldsymbol{P}_o} \Delta p_i \tag{6.8}$$

로 나타내고, (6.6)과 (6.7)식에 대입하면 다음 식과 같이 된다.

$$\sum_{j=1}^{10N} \left[w(hkl) \left\{ |F_o(hkl)| - C|F_c(\boldsymbol{P}_o)| - C\left(\sum_{i=1}^{10N} \left\{ \frac{\partial F_c(\boldsymbol{P})}{\partial p_i} \right\}_{\boldsymbol{P} = \boldsymbol{P}_o} \right) \right\} \right.$$
$$\left. \times \Delta p_i \left\{ \frac{\partial CF_c(\boldsymbol{P})}{\partial p_j} \right\}_{\boldsymbol{P} = \boldsymbol{P}_o} \right] = 0 \tag{6.9}$$

이식을 변형하면,

$$\sum_{i=1}^{10N} w(hkl) \left\{ \frac{\partial CF_c(\boldsymbol{P})}{\partial p_j} \right\}_{\boldsymbol{P} = \boldsymbol{P}_0} \left\{ \frac{\partial CF_c(\boldsymbol{P})}{\partial p_i} \right\}_{\boldsymbol{P} = \boldsymbol{P}_0} \Delta p_i$$
$$= \sum_{ju=1}^{10N} w(hkl)\{|F_o(hkl)| - C|F_c(\boldsymbol{P}_o)|\} \left\{ \frac{\partial CF_c(\boldsymbol{P})}{\partial p_i} \right\}_{\boldsymbol{P} = \boldsymbol{P}_o} \tag{6.10}$$

이 된다. 이 식은 변수 Δp_i의 식이지만, 이 중에는 변수 j에 대해서 1부터 $10N$까지의 항이 있다. 그 밖에 척도인자 C도 있다. 또 이 식은 변수 Δp_i에 대해서도 i가 1부터 $10N+1$개까지이다. 따라서, 좌변의 편미분한 값은 변수 p_i와 p_j를 행과 열로 하는 행렬 M을 나타내고, 우변은 행벡터 $\boldsymbol{N}$을 나타내기 때문에, 다음 식과 같이 나타내어진다.

$$\left[\{M\}_{P=P_o}\right]\Delta \boldsymbol{P} = \{\boldsymbol{N}\}_{P=P_o} \tag{6.11}$$

여기서 행렬 M의 i행 j열 성분을 $\{M\}_{ij}$라 하고, 열벡터 $\{\boldsymbol{N}\}$의 i번째 성분을 $\{\boldsymbol{N}\}_i$라 하면,

$$\{M\}_{ij} = \sum w(hkl)\left(\frac{\partial CF_c(\boldsymbol{P})}{\partial p_j}\right)_{p_j=p_{jo}}\left(\frac{\partial CF_c(\boldsymbol{P})}{\partial p_i}\right)_{p_i=p_{io}} \tag{6.12}$$

$$\{\boldsymbol{N}\}_i = \sum w(hkl)\{|F_o(hkl)| - |F_c(hkl)|\}\left(\frac{\partial CF_c(\boldsymbol{P})}{\partial p_i}\right)_{p_j=p_{jo}} \tag{6.13}$$

(6.11)식의 양변에 $\{M\}_{P=P_o}$의 역행렬 $\{M^{-1}\}_{P=P_o}$을 좌측에 곱하면,

$$\Delta \boldsymbol{P} = \{M^{-1}\}_{P=P_o}\{\boldsymbol{N}\}_{P=P_o} \tag{6.14}$$

로 나타낼 수 있다. 이 값은 원래의 변수값에 더하여, 새로운 변수값 $\boldsymbol{P}_{new}$라고 한다.

$$\boldsymbol{P}_{new} = \boldsymbol{P}_o + q\Delta \boldsymbol{P} \tag{6.15}$$

여기서 q는, 수정치 $\Delta \boldsymbol{P}$를 크게 하거나 작게 해서, 최소 자승 계산의 수렴을 빠르게 하거나 늦어지게 하거나 하기 위한 **조절인자**(damping factor)이다. 최초의 단계에서는 1 이상의 조절인자를 사용하여 수렴을 빠르게 하고, 수렴해 나가면 1 이하로 해서 효과적으로 수렴시키는 방법이 사용되고 있다. 이 새로운 변수값 $\boldsymbol{P}_{new}$을 $\boldsymbol{P}_o$라 하고 다시 위에 적은 계산을 반복하여, 수정치 $\Delta \boldsymbol{P}$가 충분히 작아졌을 때, 수렴했다고 말한다.

이때의 변수의 **표준편차**(standard deviation)을 $\sigma(p_j)$라 하면,

$$\sigma(p_j) = \left[\frac{\{M^{-1}\}_{jj}\sum w(hkl)\{|F_o(hkl)| - C|F_c(hkl)|\}^2}{n-m}\right]^{1/2} \tag{6.16}$$

n은 계산에 사용한 실측 구조인자의 수이고, m은 변수의 수이다. 여기서 분모가 $n-m$이 되는 이유이지만, n개의 실측치에 대해서, 변수가 m개 있기 때문에, 적어도 m개에 대해서는 자유도가 없다. 즉, 일의적으로 정해지기 때문에, 편차라는 양이 나오지 않는다. m개의 데이터로부터 m개의 변수를 구한 경우를 생각하면 이해

할 수 있을 것이다.

또 **S값**(goodness of fit)이라고 말하는 변수도 계산한다. 이것은 가중치를 가함으로서 어느 정도 수렴한 변수가 실측치를 수정하는 데에 적합한지를 나타내는 기준으로,

$$S = \left[\frac{\sum_{hkl} [\{|F_o(hkl)| - C|F_c(hkl)|\}/\sigma(hkl)]^2}{n-m} \right]^{1/2} \tag{6.17}$$

여기서, $F_o(hkl) - CF_c(hkl)$은 $\sigma(hkl)$에 가깝기 때문에, S는 1에 가까운 값이 되면 좋다.

여기까지는 (6.6)식을 최소화하는 계산을 해 왔으나, 최근에는 (6.6)식 대신에 다음 식을 최소화한다.

$$R_{res} = \sum_{hkl} w(hkl)\{F_o(hkl)^2 - CF_c(hkl)^2\}^2 \tag{6.18}$$

실측치는 강도 $I(hkl)$로 $F(hkl)^2$에 비례하기 때문에, 원래는 이쪽이 옳지만, 계산식이 복잡하여, 계산 시간이 길어지기 때문에, (6.6)식이 편의적으로 사용되었던 것이다. (6.6)식을 사용했을 경우의 문제점으로는, 아주 많이 있는 $|F(hkl)|$의 크기가 작은 데이터를 어떻게 취급하는가 하는 것이다. 모두를 최소 자승 계산에 포함하면, 오차가 많은 이것들의 구조인자의 영향을 받아 구조에 왜곡이 생기기 때문에, 예를 들어 $F(hkl) > 3\sigma\{F(hkl)\}$등의 조건을 만족하는 구조인자만을 계산에 포함시켜 왔다. 이 일은, 이것들의 구조인자가 작은값이라는 중요한 정보를 잘라버렸다는 것과, $F(hkl) > 3\sigma\{F(hkl)\}$을 만족하는 구조인자가 적어지게 하기 위해서, 적은 데이터에 의존한 오차를 필연적으로 크게 한 일이 있다. $I_o(hkl)$이 마이너스가 되는 데이터도 포함한 모든 $F(hkl)^2$을 포함하여, (6.18)식을 최소화하는 계산을 하는 쪽이 적당하다. 보통의 결정에서는, (6.6)식을 최소화해도 (6.18)식을 최소화해도 본질적인 구조의 차는 발견되지 않지만, 흩어진 구조를 정밀화하는 경우 이방성 온도인자의 값을 비교하면, 확실하게 모든 데이터를 사용한 (6.18)식 쪽이 화학적으로 타당한 값을 나타낸다.

6.2 신뢰도인자

수렴한 후 구해진 좌표와 온도인자가 어느 정도 실측치와 잘 일치하고 있는지를 말하는 **신뢰도인자**(reliability factor) R을 계산한다. 이제까지는,

$$R = \frac{\sum_{hkl} ||F_o(hkl)| - C|F_c(hkl)||}{\sum |F_o(hkl)|} \tag{6.19}$$

을 사용해 왔으나, 이 경우의 합은 전체 구조인자가 아닌, $F_o(hkl) > 3\sigma\{F(hkl)\}$의 조건을 만족하는 구조인자에 한정되어 있었다. 다음의 **가중치가 붙은 신뢰도인자** wR로 수렴의 정도를 알 수 있다.

$$wR = \left[\frac{\sum_{hkl} w(hkl)|F_o(hkl)| - C|F_c(hkl)|^2}{\sum_{hkl} w(hkl)|F_o(hkl)|^2} \right]^{1/2} \tag{6.20}$$

$F_o(hkl)^2$에 대해서 최소 자승 계산을 한 경우는, 다음 식과 같이 된다.

$$wR_2 = \left[\frac{\sum_{hkl} w(hkl)\left\{F_o(hkl)^2 - CF_c(hkl)^2\right\}^2}{\sum_{hkl} w(hkl) F_o(hkl)^4} \right]^{1/2} \tag{6.21}$$

정밀화가 순조롭게 된 경우는, R과 wR은 0.05 이하가 되고, wR_2는 0.15 이하가 된다. 또, 완전히 무질서한 구조의 경우는, R값은 대칭심을 갖는 공간군에서는 0.83이 되고, 대칭심을 갖지 않는 공간군에서는 0.59가 된다.

6.3 구조인자의 가중치

통계론에 의하면, 실측치 $F_o(hkl)$의 표준편차를 $\sigma\{F_o(hkl)\}$라고 하면, $|F_o(hkl) - F_c(hkl)|$은 $\sigma\{F_o(hkl)\}$에 가깝기 때문에,

$$w(hkl) = \frac{1}{\sigma^2\{F_o(hkl)\}} \tag{6.22}$$

이면 되지만, 큰 $F_o(hkl)$은 여러 가지 오차가 들어가기 때문에,

$$w(hkl) = \frac{1}{\sigma^2\{F_o(hkl)\} + aF_o(hkl)^2} \tag{6.23}$$

라 하고, a의 최소치도 최소 자승 계산으로 구한다. 프로그램에 따라서, 다음 식이 사용되어지고 있다.

$$w(hkl) = \frac{1}{\sigma^2\{F_o(hkl)\} + (aP)^2 + bP} \tag{6.24}$$

여기서 P는,

$$P = \frac{1}{3}max\{0, F_o(hkl)^2\} + \frac{2}{3}F_c(hkl)^2 \tag{6.25}$$

이다[5]. a및 b의 값은 최소 자승 계산을 하는 중에 최적치를 구한다. 최초에는 가중치를 1이라하고, 수렴이 진행한 단계에서 이러한 가중치를 넣지 않으면, 수렴 상태가 나빠지게 된다.

6.4 절대구조의 결정

5.8절에 따라서 절대구조를 결정하는 것이 올바르지만, 최근에는 회절 데이터의 정밀도가 향상되었고, 최소 자승 계산이 비교적 용이하게 되었기 때문에, 최소 자승 계산의 과정에서 다음 식을 사용하여 절대구조를 자동적으로 판정하고 있다.

$$|F(hkl,\chi)|^2 = (1-\chi)|F(hkl)|^2 + \chi|F(\bar{h}\bar{k}\bar{l})|^2 \tag{6.26}$$

이 변수 χ를 최소 자승 계산 과정에 정밀화한다. 그 결과, χ가 0이면 그대로의 좌표로 좋지만, χ가 1이면 x, y, z의 부호를 반전한다. 이 변수 χ를 제안한 후랙(Flack)의 이름을 따서 후랙 파라메터라 부른다. 통상 χ는 0.1 이하 또는 0.9 이상

5) 제1항은 0과 $F_o(hkl)^2$의 크기가 큰 쪽을 취한다는 것으로, $F_o(hkl)^2$이 음(-)이 되는 것은 0으로 한다는 의미이다.

으로 판단한다. 결정이 대칭성을 가지면, $F(hkl)$과 $F(\bar{h}\bar{k}\bar{l})$은 같은 것이기 때문에, χ값은 의미를 갖지 않는다.

6.5 거짓 대칭과 흩어진 구조

최소 자승법 계산은 매우 편리해서, 구조의 정밀화 과정에서 반드시 사용되어 지고 있다. 그러나 최소 자승법이 모든 경우에 적용되어지는 것은 아니다. (6.14)식으로 나타내고 있는 것처럼, 수정치 $\boldsymbol{\Delta P}$를 구하는 데는 행렬 M의 역행렬 M^{-1}이 필요하지만, 이 역행렬은,

$$\{M^{-1}\}_{ij} = \frac{\{M'\}_{ij}}{|M|} \tag{6.27}$$

로 나타내어진다. 여기서, $\{M'\}_{ij}$는 $\{M\}_{ij}$의 여인자(cofactor)이다.

이 식에서 분모에 행렬식 $|M|$이 사용된다. $|M|$이 0일 때는, $\{M^{-1}\}_{ij}$는 무한대가 되어, 수정치를 계산할 수 없어서 발산해 버린다. 행렬식 $|M|$이 0이 된다고 하는 것은, 수학적으로 말하면, 행렬 M 의 어느 행의 요소 $(M_{ij}; j=1, \cdots, m)$와 다른 행의 요소 $(M_{i'j}; j=1, \cdots, m)$가 모두 똑같거나, 행렬 M의 어느 열의 요소, $(M_{ij}; j=1, \cdots, m)$와 다른 열의 요소 $(M_{ij'}; j=1, \cdots, m)$가 모두 똑같은 것을 의미한다. 즉, 어느 행 또는 열의 모든 요소가 다른 행이나 열의 요소와 같을 때이다. 똑같지 않더라도, 비슷한 값일 때는 $|M|$이 0에 가까워져서, 수정치는 매우 커지게 된다. 이 일은, 2개의 변수 p_i와 p_j가 아주 가까운 값을 가질 때에 해당한다. 실제의 구조해석에서는, 흩어진 구조에서 2개의 원자가 가까운 위치에 있는 경우와, 참 대칭은 아니지만, 만약 그 대칭에 의해서 2개의 원자가 가까운 위치로 옮겨지게 되는 경우, 즉 **거짓 대칭**(false symmetry)이 이에 해당한다. 2개의 변수 사이에 얼만큼 깊은 관계가 있는지를 나타내는 지표로서 p_i와 p_j의 상관계수(p_{ij})가 있다.

$$p_{ij} = \frac{\{M^{-1}\}_{ij}}{\{M^{-1}\}_{ii}\{M^{-1}\}_{jj}} \tag{6.28}$$

이 값이 1.000에 가까울 때는 아주 큰 상관이 있다고 하는 것으로, 최소 자승 계산은 쉽게 진행되지 않는다.

이러할 때의 대처법은 여러 가지가 제안되어 있으나, 분자의 일부 및 전체를 강체로 생각하여 개개의 원자를 정밀화하지 않는 것이 가장 적합하다. 이 방법을, **단단한 속박조건을 부과한 정밀화**(constrained refinement)라 말한다. 이렇게 하면, 정밀화하는 변수가 원자단의 위치관계가 되기 때문에, 행렬식이 0이 되는 일은 없다. 벤젠 고리 및 메칠기 등이 원자단으로서 정밀화되는 프로그램이 준비되어 있으나, 그것 이외의 경우에는 독자적으로 식을 만들어 정밀화하는 프로그램을 만들 필요가 있다.

약간 조금 간편한 방법으로서, 속박조건을 부과한 최소 자승 계산이 제안되어 있다. (6.6)식을 최소화하는 함수를, 다음 식처럼, 어느 원자 사이의 결합을 표준치에 맞춘다는 속박조건을 부과하여 최소 자승 계산을 하는 것이다.

$$R_{res} = \sum_{hkl} w(hkl)\left\{|F_o(hkl)|^2 - C|F_c(hkl)|^2\right\}^2 + \sum_{hkl} w_j (l_{o,j} - l_{c,j})^2 \qquad (6.29)$$

이 식에서, $l_{o,j}$는 표준치로서 접근시키고 싶은 원자 간 거리이고, $l_{c,j}$는 최소 자승 계산하기 전 이 원자 간 거리의 길이이다. w_j는 이 속박조건에 어느 정도 속박하는지의 상태를 나타내는 가중치로, 클수록 강한 속박조건이 된다. 이 방법을 **유연한 속박조건을 부과한 정밀화**(restrained refinement)라 말한다.

6.6 최소 자승 계산할 때의 주의

6.6.1 수렴조건

최소 자승 계산에서 계산에 포함된 구조인자의 수 N_F와 장밀화하는 변수의 수 N_P의 비, N_F/N_P는 변수의 수렴한 값에 영향을 준다. 이 비가 작으면, 측정치의 오차가 변수의 수렴치에 영향을 받기 쉽게 된다. 그래서, 충분히 높은 각도의 회절각까지 측정하고, 그 회절각까지의 구조인자가 거의 완전하게 측정되었다고 하고, 작은 측정치도 남기지 않고 계산에 포함시켰다고 하자. 이런 경우, 이 비는 10 이상 될 것이 분명하다. 정밀화가 성공하여 수렴했다고 하는 조건은, 6.1절에서 설명한 것처럼, R값이 충분히 작아진다는 것 이외에, 각 변수에 대해서 마지막 최소 자승 계산에서의 수정치 Δ와 그 변수의 표준편차 σ를 계산하여, Δ/σ값이 0.1 이하가 되어야 한다.

6.6.2 D-푸리에 그림

정밀화가 어느 정도 진행한 상태에서, 현재 구하고 있는 구조가 얼마만큼 실측한 회절강도를 설명할 수 있는지를 나타내는 기준으로서, **D-푸리에 그림**(difference Fourier map)이 있다. 이것은 (2.53)식의 푸리에 변화하는 함수를 $F(hkl)$로부터 $\{F_o(hkl)-F_c(hkl)\}$로 치환한 다음 식으로 나타내어진다.

$$\rho(x, y, z)=\frac{1}{V}\sum_h\sum_k\sum_l\{F_o(hkl)-F_c(hkl)\}$$
$$\exp\{-2\pi i(hx+ky+lz)\} \tag{6.30}$$

이 식의 모양으로부터 알 수 있는 것처럼, 수소원자 및 용매분자 등으로 아직 계산에 들어 있지 않은 원자가 있으면, 양(+)의 산(peak)이 나타난다. 또 잘못된 위치에 원자가 놓여 있을 경우에는 음(-)의 계곡이 나타난다. 특히 흩어진 구조가 있으면, 계산에 포함되어 있는 원자의 바로 옆에 산이 나타난다. 정밀화가 올바르게 행해지고 있으면, 가벼운 원자만으로 되어 있는 결정에서는, $\pm 0.1 \sim \pm 0.3 e\,\text{Å}^{-3}$ 정도의 산 또는 계곡이 남는 정도이다. 그러나, 중원자로부터 $0.6 \sim 1.2\,\text{Å}$ 떨어진 곳에, (중원자의 전자수/10)$e\,\text{Å}^{-3}$ 정도의 양(+)의 큰 산이 나타나는 경우가 많다. 이것은 **급수 중단오차**(summation terminated error)라 말하고, 푸리에 급수의 합을 무한까지 취하지 않아, 회절강도가 관측되어진 곳까지에서 중단되었기 때문이다. 이러한 위치에 원자를 배정하고 최소 자승 계산을 하면, 온도인자가 발산하고 만다.

정밀화가 종료한 후, D-푸리에 그림을 조사하여, 중원자 근방에 거짓 피크를 제외하고 $\pm 1e\,\text{Å}^{-3}$보다 큰 피크가 있을 때는, 용매분자의 존재 및 구조의 흩어짐을 검토할 필요가 있다. 이를 위하여, $\Delta\rho$의 최대치($\Delta\rho_{max}$)와 최소치($\Delta\rho_{min}$)를 해석 결과에 보고하도록 되어 있다.

6.6.3 수소원자의 취급

수소원자의 전자는 결합에 사용되고 있어 펼쳐져 있기 때문에, 수소원자의 위치를 정확히 정하는 것은 어렵다. 또, 실험으로 얻어지는 회절강도의 정확도에도 문제가 있다. 수소원자의 원자 산란인자는 저각 측에 치우쳐 있기 때문에, 저각 측의 회절강도를 정밀하게 정하는 일이 불가결하지만, 흡수 효과 및 소쇠 효과 때문에 오차가 많다. 간단한 분자에서는 다른 원자의 경우와 똑같이 D-푸리에 그림으로부터 구해져서 정밀화 할 수 있는 경우도 있으나, 이 경우는 등방성 온도인자로 정밀화한다. 등방성 온도인자가 0.15 Å^2 이상의 큰 값을 갖는 경우는, 근원 원자의 등방성 온도인자의 1.2~1.3배 정도의 온도인자로 고정하여 정밀화 하는 것이 좋다. 분자가 커지게 되면 D-푸리에 그림으로는 찾을 수 없게 된다. 이 경우에는, 근방의 비수소원자의 위치관계로부터 기하학적인 계산으로 좌표를 구할 수 있다. 이 좌표로부터 시작하여 정밀화할 수 있지만, 통상은 수소원자가 결합하고 있는 근원 원자의 움직임에 맞춰서 동일한 기하학적인 위치로 움직이게 한다. 이 방법을 **고정 그룹**(rigid group)법이라 말한다. 또는 근원 원자에 맞춰서 기하학적인 구조를 유지하면서 함께 움직이게 하는 방법이 있다. 이것을 **말타기**(riding atom)**법**이라 말한다. 메칠기의 수소의 경우는, C-H거리를 일정하고 하고 메칠기의 결합축 주위로 회전시켜 최적의 위치를 계산하는 방법도 있다. 이들의 경우에는 수소원자 좌표의 표준편차는 의미가 없어진다. 아울러 O-H⋯O의 수소결합을 하고 있는 OH기의 수소원자는 D-푸리에 그림에서 찾아지지 않는 경우가 많기 때문에, O⋯O 상에 계산으로 수소를 배치하는 일이 많다. 정밀화된 후의 결합 거리를 보면, 수소의 전자가 결합에 사용되었기 때문에, 짧아지는 경향이 있다. 원자핵의 위치를 직접 정할 수 있는 중성자 회절에서는, C-H거리는 1.08 Å 이지만, X선에서는 0.96 Å 이 된다. 또 마찬가지로, N-H 및 O-H도 0.90 Å 및 0.80 ~ 0.85 Å 이 된다.

6.6.4 대칭성을 고려한 열진동

원자가 대칭요소 위에 있을 때는, 이방성 온도인자는 그의 대칭성을 만족하지 않으면 안 된다. 예를 들어 원자가 b축 방향의 2회회전축 위에 있을 때는, 그림 6.1에 보인 것처럼, 열진동 타원체는 2회회전축에 수직하게 된다. 이 일은, U_{12}와 U_{23}가 0임을 의미하고 있다. 따라서, 이들의 값을 0으로 고정하여 정밀화할 필요가 있다. 최근의 해석 프로그램에서는 자동적으로 이러한 속박 조건이 도입되어 있으나, 정밀화가 종료된 후 확인해 봐야 한다.

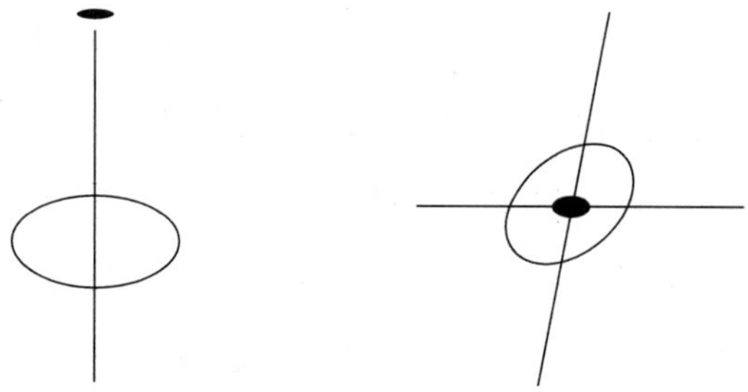

(a) (b)

그림 6.1 2회회전축상의 원자의 진동. (a) 2회축에 수직한 방향으로부터, (b) 2회축 방향에서 본 열진동

연습문제

[1] 대칭심이 있는 공간군의 결정에 이상산란을 나타내는 원자를 포함하는 분자가 포함되어 있을 때, 어떠한 효과가 나타나는지를 설명하라.

[2] (6.29)식으로 나타내지는 것처럼, 속박 조건은 원자 간 거리에 대해서 부여할 수 있다. 각도에 대해서는 어떠한 속박 조건을 부여하면 좋은지를 설명하라.

7장 결과의 정리

결정구조해석을 종료하고, 정밀화의 정도도 기준을 만족하고 있으면, 해석된 결과를 정리할 필요가 있다. 결정구조해석은, 일단 해석에 성공하면 그 이후는 누구라도 그 결과를 이용할 수 있기 때문에, 정확하게 기록되지 않으면 안 된다. 최근의 해석 프로그램은 필요한 데이터를 자동적으로 계산하고 있지만, 그 자동으로 계산하는 내용을 알아 두고 있어야 한다.

7.1 결정 데이터

결정해석 결과를 보고할 때에는, 표 7.1의 결정 데이터가 필요하다. 이들 데이터는 4축형 자동회절장치로 측정했을 때의 조건이기 때문에, 이메이징 프레이트 및 CCD 등의 2차원 검출기가 사용되어지고 있는 상황에서는 변경해야 하는 점도 있다. 예를 들어, 격자상수는 전체 회절(반사) 데이터를 사용하여 계산하기 때문에, 정밀화한 반사수 및 그의 각도는 필요가 없다. 그러나 지금 당장은 이 수치를 적어 놓아야 한다. 데이터 측정에 사용한 결정의 색 및 모양(침상, 판상, 입상 등) 및 크기는 실험 노트에 반드시 기록해 놓을 필요가 있다. $F(000)$는 화학식으로부터 계산된 전체 전자수이다.

다음에 실험 조건을 보고한다. 측정방법은 4축형 자동회절장치에서는 $\omega-scan$ 및 $\omega-2\theta$ scan 등이 있으나, 2차원 검출기에서는 조금씩 진동 범위를 바꾸면서 취하는 **진동법**(oscillation method)를 사용한다. 독립한 반사수로서는, 라우에 대칭으로 등가인 구조인자를 평균한 구조인자의 수이다. 대칭심을 갖지 않는 공간군에서는 이상산란이 있기 때문에, $F(hkl)$과 $F(\bar{h}\bar{k}\bar{l})$은 평균하지 않는다. 문지방 값 이상의 강도로는 $I(hkl)>2\sigma\{I(hkl)\}$ 또는 $F(hkl)>4\sigma\{F(hkl)\}$인 조건을 지정하는 경우가 많다. 흡수 보정은, X선이 결정 내를 통과하는 경로를 결정의 외형으로부터 계산하여 보정하는 수치해석법과, 등가인 반사 사이에서 강도가 일치하도록 하는 파라메터를 최소 자승법으로 계산하여, 그 파라메터를 사용하여 각 반사의 흡수보정을 행하는 간편법이 있다. 어떠한 흡수보정을 해야만 하는 지에 대한 문제는, 흡수보정 항의 크기에 의존한다. 결정의 흡수계수 μ와 최대 길이를 x라 하고, $\mu x<0.1$이라면 흡수 보정치가 작기 때문에, 보정을 할 필요가 없다. $0.1<\mu x<3.0$ 이라면 간편법으로도 괜찮다. $\mu x>3.0$인 경우는 수치해석법으로 보정할 것이 요구되고 있다. 이러한 보정을 행한 후, 등가인 구조인자의 일치도 $R_{\rm int}$를 계산한다.

이어서 해석법과 정밀화방법을 설명한다. 초기구조를 구하는 수단으로, 어떠한 방법, 어떤 프로그램을 사용하여 구했는지를 기록한다. 구조의 정밀화는 어떤 프로그램을 사용했는지, 또 그때에 $F(hkl)$의 실측치와 계산치를 일치시켰는지, $F(hkl)^2$의 실측치와 계산치를 일치시켰는지를 기록한다. 특히 정밀화 방법에 따라 수렴한 값이 달라지는 경우도 있기 때문에, 이곳에서 요구되어진 값을 기록한다. 마지막 싸이클에서의 R인자와, 가중치 붙은 wR인자와 S인자의 값을 기록한다. R인자는 모든 반사에 대한 것과, 문지방 값 이상의 반사만으로 계산한 것을 기록한다. $F(hkl)^2$으로 일치시킨 경우에는 그때의 R인자(wR_2인자)값을 기록한다. 정밀화에 사용한 반사수는 정밀화한 변수의 10배 이상이 필요하다. 10배라는 값은 이론적으로는 근거가 없으나, 통상 유기화합물 결정에서는 회절 데이터를 회절각의 한도($\theta_{\rm max}$) 이상으로 측정하면 10배 이상이 된다[6]. 단, 구조의 흩어짐(disorder) 및 열운동이 심한

6) CuK_α선을 사용한 경우는 $2\theta_{\rm max}=140°$인 회절 데이터를, MoK_α선을 사용한 경우는 $2\theta_{\rm max}=55°$인 회절 데이터를 수집할 것이 요구되어지고 있다.

경우에는 높은 각도 측의 회절 데이터가 대부분 0인 경우가 있어, 이 경우는 겉보기에 10배 이상이지만 해석의 정밀도는 좋지 않은 경우도 있다.

표 7.1 결정 데이터와 해석 조건

결정 데이터	해석 조건
(1) 화학식(formula)	(17) 사용한 회절장치
(2) 화학식량(formula weight)	(18) 측정방법
(3) 정계(crystal system)	(19) 측정각도 범위
(4) 공간군(space group)	(20) 측정지수 범위
(5) 측정온도(measurement temperature)	(21) 측정 반사수
(6) 격자상수(lattice constant)	(22) 독립 반사수
$a, b, c, \alpha, \beta, \gamma, V$	(23) 강도의 문지방 조건
(7) 격자상수의 정밀화에 사용한 반사수	(24) 문지방 값 이상 강도의 독립 반사수
(8) 상기 반사의 회절각(θ) 범위	(25) 흡수보정 방법
(9) 사용한 X선의 종류와 그의 파장	(26) 투과율의 최대치와 최소치
(10) 단위포 내의 분자수	(27) 등가 반사의 일치도, R_{int}
(11) 밀도의 계산치(D_x)	(28) 초기구조의 결정법
(12) 흡수계수(μ)	(29) 최소 자승법의 조건 (F 또는 F^2인지)
(13) 결정 색	(30) 최종 R, wR, S, wR_2 값
(14) 결정 모양	(31) 반사의 가중치 부여 방법
(15) 결정 크기	(32) 정밀화에 사용한 독립 반사수
(16) F(000)	(33) 파라메터 수
	(34) $(\Delta/\sigma)_{max}$
	(35) 전자밀도의 잔차, $\Delta\rho_{max}, \Delta\rho_{min}$
	(36) 사용한 프로그램 이름
	(37) 수소원자 위치 결정과 정밀화의 방법

7.2 결정구조도와 분자구조도

결정구조도(figure of crystal structure)는, 분자의 겹침이 작도록, 그림 7.1과 같은 가장 짧은 축 방향의 **투영도**(projected figure)를 그린다. 이때 분자 간 수소 결합을 파선으로 나타낸다. 분자 간의 상대적인 배치를 나타낼 때는, 그림 7.2와 같은 스테레오 그림으로 나타낼 수 있다. 또 특징적인 분자 배열이면, 그것을 지적해

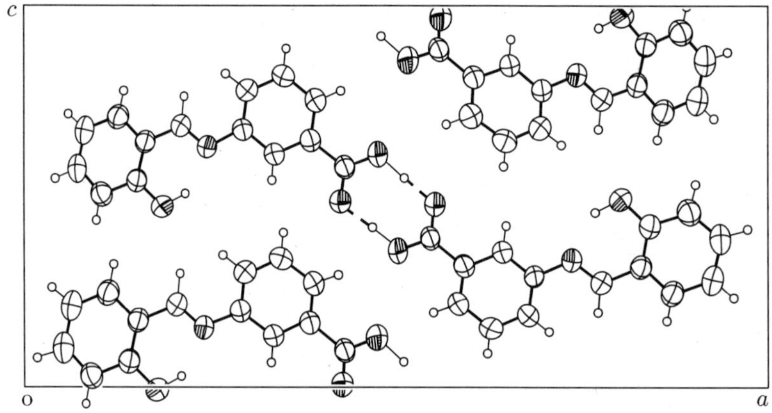

그림 7.1 N-사리치리덴-3-카르복시아니린의 결정구조

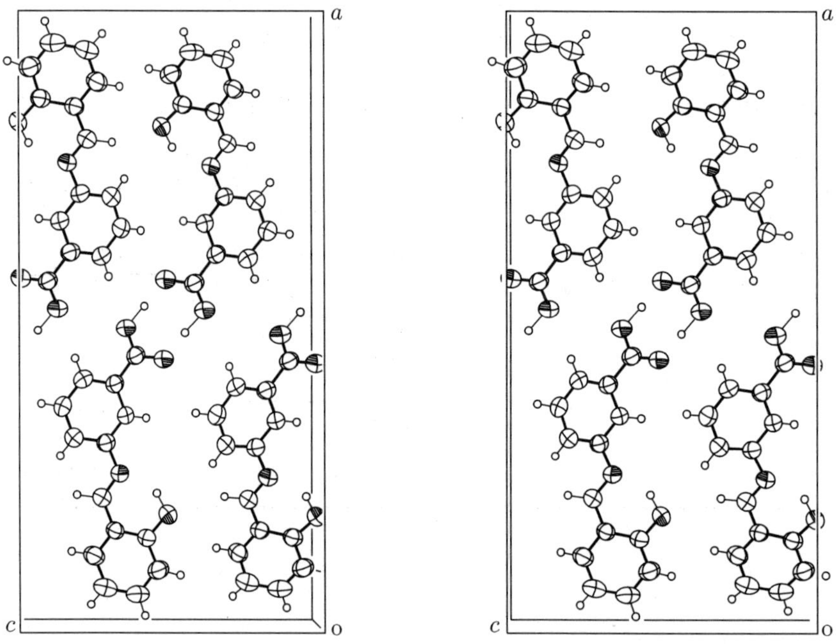

그림 7.2 결정구조의 스테레오 투명도

놓는다. 아울러, 결정구조의 스테레오 그림의 한쪽만을 그린 것은 투영도가 아니므로 주의한다.

분자투영도(figure of molecular structure)는, 될 수 있으면 원자가 겹치지 않는

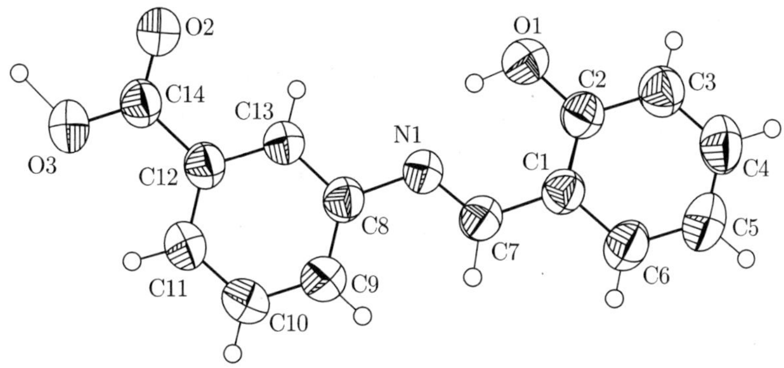

그림 7.3 ORTEP으로 계산한 분자구조도(N-사리치리덴-3-카르복시아니린)

방향으로 그림 7.3처럼 ORTEP 그림(열진동타원체 그림)을 그린다. 분자의 관성 모멘트가 가장 큰 방향이 좋은 경우가 많다. 열진동 타원체의 **존재확률**(probability)도 반드시 기술한다. 통상 50 %이지만, 너무 커서 원자가 많이 겹칠 때와 결합이 보이지 않게 될 때는, 30 %나 20 %로 해서 타원체를 작게 할 필요가 있다. 분자구조도에는 반드시 원자의 번호를 붙여 놓는다. 원자의 번호는 분자 전체에 통하는 번호로 하든지, 원소마다 통하는 번호로 하든지 해서, 빠진 번호가 없도록 한다. 단 수소원자의 번호는 예외로, 근원 원자의 번호에 연관해서 붙이는 일이 많다.

7.3 결합 거리, 결합각, 비틀림각

원자1(x_1, y_2, z_1)과 원자2(x_2, y_2, z_2) 사이의 거리 l_{12}는 격자상수 $a, b, c, \alpha, \beta, \gamma$를 사용하면 다음 식으로 주어진다.

$$\begin{aligned} l_{12} = \{ & a^2(x_1 - x_2)^2 + b^2(y_1 - y_2)^2 + c^2(z_1 - z_2)^2 \\ & + 2ab\cos\gamma(x_1 - x_2)(y_1 - y_2) \\ & + 2bc\cos\alpha(y_1 - y_2)(z_1 - z_2) \\ & + 2ca\cos\beta(z_1 - z_2)(x_1 - x_2)\}^{1/2} \end{aligned} \tag{7.1}$$

그러나, 원자수가 많아서 계산하는 원자 간 거리가 많을 경우에는, 분율좌표를 직교좌표축으로 변환한 후 원자 간 거리를 계산하면 계산시간이 짧아진다. 직교좌표계는, a축, (a, b)면 내에서 a축에 수직하고 b축 방향에 가까운 축, (a, b)면에 수직하고 c축 방향에 가까운 축을 취한다. 각 원자의 좌표에는 표준편차가 있기 때문에, 이 원자좌표의 표준편차로부터 결합 거리의 표준편차가 계산된다.

원자1과 원자2의 결합 거리를 l_{12}라 하고, 원자1과 원자3의 결합 거리를 l_{13}라 하면, 결합각 θ_{123}는 다음의 여현정리 식으로 나타낼 수 있다.

$$\cos\theta_{123} = \frac{{l_{12}}^2 + {l_{13}}^2 - {l_{23}}^2}{2 l_{12} l_{13}} \tag{7.2}$$

4개 원자 사이에 3개의 결합이 있으면, 그림 7.4(a)처럼 중앙의 결합에 대해서 양단의 결합 비틀림각 $\tau_{1,2,3,4}$를 정의할 필요가 있다. 그림 7.4(b)에 보인 것처럼, 원자2와 원자3의 결합을 원자2의 방향에서 보아, 원자1과 원자2의 결합과 원자3과 원자4의 결합을 그린다. 이때 원자3과 원자4의 결합이 원자1과 원자2의 결합으로부터 몇 도 회전하면 겹쳐지게 되는지를 보는 것으로, 시계 방향을 +로, 반시계 방향을 −로 잡는다. 따라서, $+180^\circ$로부터 -180° 사이의 각도를 갖는다. 아울러, 원자에는 앞서서 번호가 붙어 있는 것이 아니기 때문에, 원자3에서 원자2를 바라보는 것처럼 거꾸로 보는 경우도 있다. 따라서 거꾸로 보면, 결합1−2가 결합3−4로부터 몇 도 회전하면 겹쳐지게 되는지의 문제가 되고, 이 값은 부호도 포함하여 똑같아진다.

또한, 비슷한 각도로 이면각이 있다. 이것은 2개의 평면이 만드는 각도이다. 단 평면은 무한하게 펼쳐져 있기 때문에, 항상 0°에서 90° 사이로 잡는다. 그림 7.5에 보이는 것처럼, 비틀림각도 1,2,3으로 만들어진 면과 2,3,4로 만들어진 면의 이면각

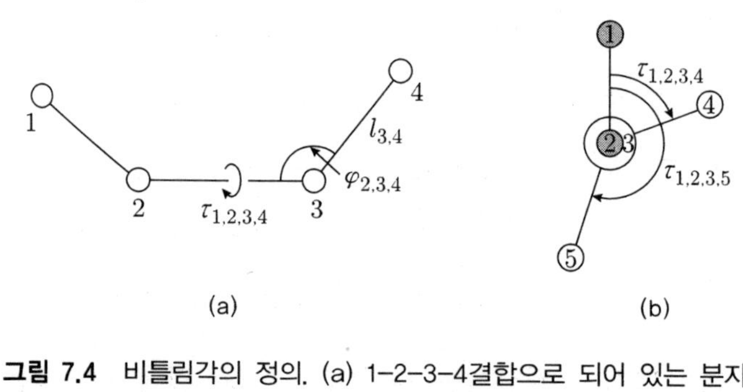

그림 7.4 비틀림각의 정의. (a) 1−2−3−4결합으로 되어 있는 분자, (b) 2로부터 3의 방향으로 투영한다.

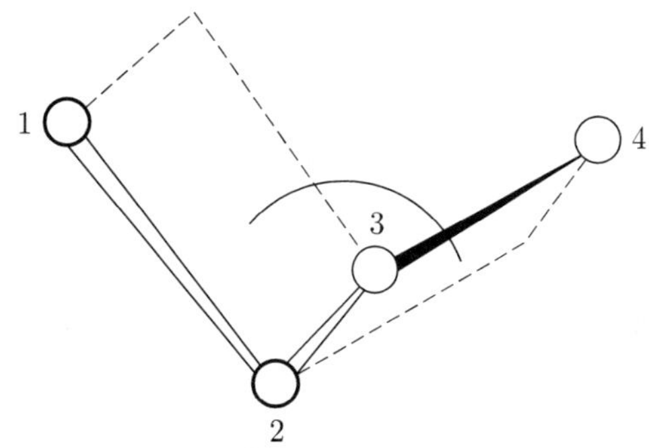

그림 7.5 이면각의 정의와 비틀림각

으로 나타낼 수 있으나, +방향인지, −방향인지, 예각인지, 둔각인지가 불분명하기 때문에, 비틀림각의 표현에는 사용하지 않는다.

7.4 최적평면

해석된 구조에서, 한 무리의 원자무리가 동일 평면상에 있는지 어떤지는 화학적으로 흥미 있는 문제이다. 평면성을 알기 위해, 이들 원자무리의 평균평면을 계산하여, 그 평면으로부터 각 원자의 거리를 비교하면 된다. 이 평균평면은 원자무리를 구성하는 원자의 평면으로부터의 거리의 제곱의 합을 최소화하는 최소 자승법으로 구해지기 때문에, **최적평면**(best plane)이라고도 불려지고 있다. n개 원자의 평균평면을

$$n_1x + n_2y + n_3z = d_0 \tag{7.3}$$

이라 하고, j번째 원자의 좌표를 $\boldsymbol{r}_j(=x_j, y_j, z_j)$라 하면, 이 원자의 평균평면으로 부터의 벗어남 d_j는 다음 식으로 나타내진다.

$$d_j = n_1x_j + n_2y_j + n_3z_j - d_0 \tag{7.4}$$

그래서 최적평면을 구하기 위해서는, 다음의 D를 최소화하면 된다. 여기서 w_j는 각 원자의 무게로, 통상 1이면 된다.

$$D = \sum w_j d_j^{\ 2} \tag{7.5}$$

최소 자승법으로 최소화했을 때의 n_1, n_2, n_3를 구하면 된다.

7.5 강체진동 모델

결정 내의 분자가 거의 강체처럼 열진동하고 있다고 가정하여, 최소 자승법으로 구해진 각원자의 이방성 온도인자로부터, 강체로서의 열진동을 병진진동과 회전진동으로 분리하여 해석할 수 있다. 병진과 회전이 연결된 나선진동을 덧붙여 추가하는 경우도 있다. 이들 강체진동을 각 원자에 할당하여, 최소 자승법으로 구해진 이방성 온도인자로부터 차감한 차의 이방성 온도인자가 계산된다. 이 값으로부터 각 원자의 독자적인 열진동의 모습도 알아낼 수 있게 된다. 결합하고 있는 2개의 원자에 대해서 차의 이방성 온도인자가 많이 다를 때에는, 그림 7.6처럼 효과가 작용한다. 즉, 본래 A와 B의 위치에 있는 2개의 원자가 열진동에 의해 ⟨A⟩와 ⟨B⟩의 위치에 있는 것처럼 보이기 때문에, 실제의 A-B거리 l이 $\langle l \rangle$이 되어 짧아지기 때문에 결합 거리의 보정이 필요하게 된다. 유기결정에서는 0.01 Å 정도의 보정이 필요하게 될 때도 있다.

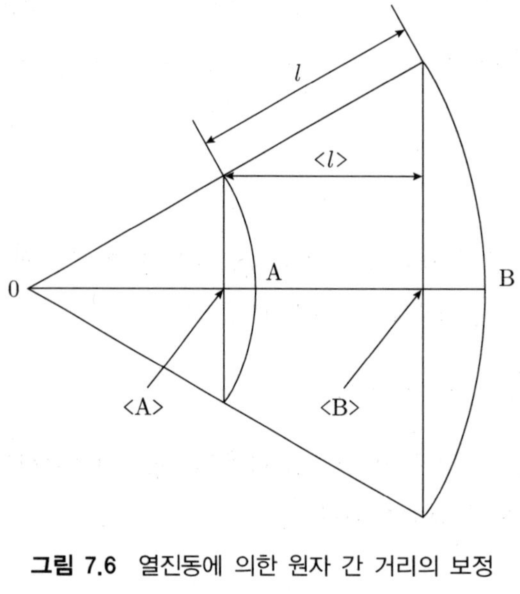

그림 7.6 열진동에 의한 원자 간 거리의 보정

7.6 CIF와 데이터 베이스

결정구조해석이 끝나면, 해석 프로그램은 자동적으로 결과를 **CIF**(Crystallographic Information File)로 출력해 준다. 이 파일의 특징은, 데이터의 종류 및 특수문자를 지시해서 기록하기 때문에, 어떠한 컴퓨터라도 데이터의 읽고-쓰기가 가능하다. 이 파일에서 요구되고 있는 데이터는 표 7.1의 항목은 모두 포함되어 있고, 그것 이상의 데이터도 있다. 이것은 국제결정학회(IUCr)가 출판하고 있는 Acta Crystallophica 잡지의 투고 규정되어 있는 필요한 데이터가 모두 포함되어 있다. 통상의 화학잡지에서는 표 7.1로 충분하다. 또 논문의 저자와 요약과 코멘트문을 기록하는 데이터 항목도 있기 때문에, 이 항목을 기록해 넣으면, 이대로 Acta Crystallographica 잡지인 C나 E 시리즈의 투고 논문으로 사용할 수 있다. 단 컴퓨터는 만능이 아니기 때문에, 도중에 해석 프로그램을 바꾼 경우는 앞의 프로그램에서 사용한 데이터가 연속 사용되지 않는다. 이때는 적당히 표준치가 기록되어 있는 경우가 있기 때문에 주의해야 한다.

결정구조해석이 바르게 행해진 경우, 그 결과를 데이터 베이스에 등록해 놓으면, 누구라도 데이터를 사용할 수 있게 된다. 현재 결정구조해석 데이터 베이스는 4개가 있다.

C-H결합을 갖지 않는, 금속 및 함금도 아닌 무기화합물을 수록한 데이터 베이스로서 ICSD(Inorganic Crystal Structure Database)가 있다. 약 5만 개의 데이터가 수록되어 있다. 이것은 최초에 독일의 본대학에서 만들어졌지만, 그 후, 프랑크푸르트와 칼스루에(Karlsruhe) 연구소에서 협력하여 만들고 있다.

C-H결합을 포함하는 유기화합물과 유기금속화합물을 수록한 데이터 베이스로서는 CSD(Cambridge Structural Database)가 있다. 약 22만 개의 데이터가 수록되어 있다. 이것은 최초 케임브리지 대학에서 만들었으나, 그 후 발전하여, Cambridge Crystallographic Data Center(CCDC)에서 연속해서 수록하고 있다.

단백질 등을 수록한 데이터 베이스로서는 PDB(Protein Data Bank)가 있다. 이것은 최초 미국의 부르크해븐 국립연구소(Brookhaven Natl. Lab)에서 만들었다. 현재 약 2만 개가 수록되어 있다.

금속 및 합금, 반도체 및 인화금속 및 황화금속을 수록한 데이터 베이스로서는 **CRYST-MET**(Metals Crystallographic Data File)이 있다. 약 5만 2천 개의 데이터가 수록되어 있다. 이것은 캐나다의 국립연구소에 의해 유지하고 있다.

연습문제 해답

제 1 장

[1] NaCl결정 단위포 중에는 Na원자 4개와 Cl원자가 4개 존재한다. 주기구조로는 1주기 떨어진 원자는 옆 단위포의 원자이므로 세지 않는다고 하면, 그림으로부터 4개씩 존재함을 알 수 있다. NaCl 1몰의 질량을 M, 아보가드로 수를 N_A, 결정의 밀도를 ρ라 하면, 이 결정의 단위포 체적 d^3는 다음 식이 된다.

$$d^3 = \frac{4M}{N_A \rho}$$

이 식에 수치를 대입하면,

$$d^3(cm^3) = \frac{4 \times 58.5}{6.02 \times 10^{23} \times 2.17} = 179.1 \times 10^{-24}$$

이 되고,

$$d = 5.64 \times 10^{-8}(cm) = 5.64\ \text{Å}$$

이 된다. 또 Na원자와 Cl원자 사이의 거리는 $2.82\ \text{Å}$이 된다.

[2] KCl이 NaCl과 같은 구조이고, 그의 결정구조의 주기가 NaCl 등으로부터 예상되는 주기의 반절이 된다는 것은, K원자가 갖는 전자수와 Cl원자가 갖는 전자수가 똑같아, 2개의 원자가 X선으로는 구별할 수 없게 된다. K원자는 원자번호가 19번으로 전자수 19개, Cl원자는 원자번호 17번으로 전자수 17개이므로, K원자로부터 전자가 1개 Cl원자로 이동했다고 가정하면, 어느 쪽 원자도 18개 전자수가 되어 전자수는 같아지게 된다. 즉, K^+이온과 Cl^-이온으로 변화하여 있다는 것을 나타내고 있다. 이로부터, 할로겐화 알카리는 결정 중에서는 거의 완전하게 이온화하여 있다고 생각할 수 있다. 그러나, 이것

은 결정 중의 구조이므로, 기체 분자로 된 NaCl 등은 이렇게 완전히 이온화하고 있다는 의미는 아니다.

제 2 장

[1]

h	$F(h)$	$\frac{\sin\theta}{\lambda}$	a
1	16.5	0.062	8.06
2	19.5	0.125	8.00
3	28.9	0.188	7.98
4	24.4	0.250	8.00
5	19.5	0.313	7.99
6	10.2	0.375	8.00
7	22.2	0.438	7.99
8	13.9	0.500	8.00
9	8.0	0.563	7.99
10	13.2	0.625	8.00
평균			8.00

[2] $a = 8.00$ Å

[3] $\sin\theta > 1.0$ 이기 때문에 구해지지 않는다.

[4] $\frac{8}{10} = 0.8$ Å

[5] 파장 λ를 짧게 한다.

[6] F(0)=55

[7]

x	$\rho(x)$	x	$\rho(x)$
0.00	50.95	0.30	9.7
0.05	10.5	0.35	0.6
0.10	−2.2	0.40	9.6
0.15	−0.8	0.45	2.8
0.20	2.5	0.50	3.4
0.25	5.7		

그림은 생략

[8] 종축을 $\rho(x)$, 횡축을 x라 하고 그래프를 그린다. 이 그래프의 극대치로부터, N원자와 C원자의 좌표, x_N과 x_C는 각각 0.28과 0.41이 된다.

[9] Cu−N : $0.28 \times 8.00 = 2.24$ Å

N≡C : $(0.41 - 0.28) \times 8.00 = 1.04$ Å

C−C : $2 \times (0.50 - 0.41) \times 8.00 = 1.44$ Å

[10]

h	$\frac{\sin\theta}{\lambda}$	$f_{\mathrm{Cu}}\left(\frac{\sin\theta}{\lambda}\right)$	$f_{\mathrm{N}}\left(\frac{\sin\theta}{\lambda}\right)$	$f_{\mathrm{C}}\left(\frac{\sin\theta}{\lambda}\right)$
1	0.062	28.17	6.66	5.62
2	0.125	26.25	5.80	4.71
3	0.188	23.98	4.76	3.73
4	0.250	21.69	3.83	2.95
5	0.313	19.41	3.09	2.40
6	0.375	17.31	2.56	2.05
7	0.438	15.50	2.21	1.84
8	0.500	13.71	1.94	1.69
9	0.563	12.26	1.78	1.59
10	0.625	11.07	1.66	1.51

[11]

h	$F_O(h)$	$F_C(h)$	$\lvert F_O(h)-F_C(h)\rvert$
1	16.5	16.2	0.3
2	19.5	19.5	0.0
3	28.9	30.0	1.1
4	24.4	23.5	0.9
5	19.5	19.0	0.5
6	10.2	11.2	1.0
7	22.2	22.3	0.1
8	13.9	13.3	0.6
9	8.0	7.6	0.4
10	13.2	13.0	0.2

[12] $$R=\frac{\sum\lvert F_o(h)-F_c(h)\rvert}{\sum F_o(h)}$$

$$=\frac{0.3+0.0+1.1+0.9+0.5+1.0+0.1+0.6+0.4+0.2}{16.5+19.5+28.9+24.4+19.5+10.2+22.2+13.9+8.0+13.2}$$

$$=0.029$$

제 3 장

[1] 90°. 거울면이 회전축에 대해서 90° 이외라 하면, 거울면과 회전축을 조합하면 무수의 대칭조작이 나타난다.

[2] 그림 3.16에 있는 것처럼, 120° 회전하여 회전축 방향으로 2/3주기 병진하는 조작을 2회 행하면, 240° 회전하여 1주기 앞의 격자의 1/3병진한 위치가 되어, 3회째로 2주기 앞의 격자의 원래와 똑같은 위치로 빙빙 돌아 도달하게 된다. 주기구조이기 때문에, 각주기 단위에는 똑같은 것이 있을 것이기 때문에, 원래의 격자에도 240° 회전하여 1/3병진했다고 생각해도 괜찮게 된다. 즉, 3_1과 3_2는 나선의 회전 방향이 반대라고 생각해도 된다.

[3] 생략

제 4 장

[1] $\exp(-2\pi i h \Delta x)$의 위상의 어긋남을 나타내는 함수를 파동으로 생각하면, h가 1일 때는 파동의 주기와 격자의 주기가 똑같기 때문에, 이 위상을 정하면 Δx는 일의적으로 정해지지만, h가 1이 아닐 때는 격자의 1주기 사이에 h회의 파동이 존재하게 된다. 즉, 파장이 $1/h$가 된다. 그렇게 하면, 각각의 파동에서 똑같은 위상이 1개씩 존재하기 때문에, Δx는 등간격으로 h개의 어떤 것인가를 지정한 것이 된다.

[2] 이 공간군의 중원자끼리의 페터슨 피크는,

$$(2x,2y,2z);(-2x,1/2,1/2-2z);(0,1/2-2y,1/2)$$

이므로,

$$(2x,2y,2z)=(0.40,0.30,0.20);$$

$$(-2x,1/2,1/2-2z)=(0.60,0.50,0.30);$$

$$(0,1/2-2y,1/2)=(0.00,0.20,0.50)$$

라 하면,

$$2x=0.40,\ 2y=0.30,\ 2z=0.20$$

이 된다. 이 식으로부터, 중원자의 좌표는 (0.20,0.15,0.10)이 된다.

[3] $\gamma=\dfrac{27^2}{6^2\times 63+1\times 88+7^2\times 14+8^2\times 14+15^2}=0.175$

[4] 단백질 결정의 구조인자를 $F_P(\boldsymbol{K})$, 중원자의 기여를 $F_H(\boldsymbol{K})$, 가벼운 원자의 기여를 $F_L(\boldsymbol{K})=\sum_{j=1}^{N_L} f_j \exp\{2\pi i(hx_j+ky_j+lz_j)\}$ 라 하면, $F_L(\boldsymbol{K})$를 구성하는 각 가벼운 원자의 기여분 $f_j\exp\{2\pi i(hx_j+ky_j+lz_j)\}$는 위상이 제각각이기 때문에, 수는 많으나 모두 합해 보아도 $F_P(\boldsymbol{K})$ 방향에 기여하는 성분은 그다지 많지 않게 된다. 이에 비해서 중원자는 작은 수이기 때문에, 그의 좌표에 의해 정해진 $F_H(\boldsymbol{K})$의 기여분은 확실히 $F_P(\boldsymbol{K})$에 반영하고 있다. 중원자도 가벼운 원자도 각각 갖고 있는 전자수에 해당하는 분만큼 똑같이 $F_P(\boldsymbol{K})$에 기여할 것이라고 생각하고 있었던 점이 함정이었다.

제 6 장

[1] (5.29)식은,

$$F(hkl) = \left[\sum_{j=1}^{n-1} f_j \cos\{2\pi(hx_j + ky_j + lz_j)\} - f_M'' \sin\{2\pi(hx_M + ky_M + lz_M)\}\right]$$
$$+ i\left[\sum_{j=1}^{n-1} f_j \sin\{2\pi(hx_j + ky_j + lz_j)\} + f_M'' \cos\{2\pi(hx_M + ky_M + lz_M)\}\right]$$

이다. 대칭심이 있으면 (x_j, y_j, z_j)에 $(-x_j, -y_j, -z_j)$이 있고, (x_M, y_M, z_M)에도 $(-x_M, -y_M, -z_M)$이 존재하기 때문에, cos항은 2배가 되고 sin항은 0이 된다.

$$F(hkl) = 2\sum_{j=1}^{n/2-1} f_j \cos\{2\pi(hx_j + ky_j + lz_j)\} + 2if_M'' \cos\{2\pi(hx_M + ky_M + lz_M)\}$$

이 되지만, $F(\overline{h}\overline{k}\overline{l})$도 완전히 똑같다. 그러나 회절강도는,

$$I(hkl) \propto F(hkl)^2 = 4\left[\sum f_j \cos\{2\pi(hx_j + ky_j + lz_j)\}\right]^2$$
$$-4\left[f_M'' \cos\{2\pi(hx_M + ky_M + lz_M)\}\right]^2$$

가 되어 제2항분만큼 다르다.

[2] (6.29)식에서, $\sum_{j=1}^{3} w_j(l_{o.j} - l_{c.j})^2$ 항은 길이만의 속박이다. 그 때문에, 각도 $\angle A-B-C$에 속박을 거는 데는, A–B, B–C 외에, A–C의 길이에도 속박을 걸면, $\angle A-B-C$에 속박을 걸은 것이 된다.

찾 아 보 기

ㄹ

ㅁ

ㅂ

ㅅ

ㅇ

X선 결정구조해석

2010년 7월 20일 제1판 1쇄 인쇄
2010년 7월 25일 제1판 1쇄 발행

저 자 ◎ **오하시 유지(大橋 裕二)**
역 자 ◎ **김 문 집**
발행자 ◎ **조 승 식**
발행처 ◎ (주) 도서출판 **북스힐**
서울시 강북구 수유 2동 258-20
등 록 ◎ 제 22-457 호

TEL (02) 994-0071(代)
FAX (02) 994-0073
E-MAIL bookswin@unitel.co.kr
www.bookshill.com

값 20,000원

ISBN 978-89-5526-684-9